전자 · 전기 · 통신공학 실험을 위한

예비이론과 측정

양호언 저

도서출판 상학당

欲爲大者 當爲人役

크고자 하거든 남을 섬기라

머리말

Preface

이 책은 전기 · 전자공학 및 통신공학 분야를 전공하는 학생들이 실험에 들어가기 전에 필수적으로 알아야 할 기본적인 예비지식을 익혀 실험교과에 흥미를 가지고 보다 쉽게 접근할 수 있도록 다음과 같이 집필하였다.

- 각 장마다 전공기초 실험과제와 병행하여 우선 학습할 수 있도록 내용을 주제별로 엄선하였다.
- 실험과제 수행시 지켜야 할 안전수칙과 각종 전자부품 및 회로소자의 기호, 구성, 배선방법, 실험보고서 작성방법까지 상세하게 수록하였다.
- 전공기초 실험실습에 들어가기 전의 실습교육과정으로 주당 2~3시간 배정시, 한 학기용 실험실습 예비교재로 활용할 수 있도록 학습내용을 선별하였다.
- 실험에 사용되는 주요 계측기인 디지털 · 아날로그 회로시험기, 오실로스코프 신호발생기의 사용법을 상세하게 설명하여 실험에 쉽게 활용하도록 하였다.
- 부록에는 학습자가 회로실험 및 측정에 쉽게 활용할 수 있도록 각종 부품과 주요 소자의 기호 및 판별법을 상세하게 기술하였다.

끝으로 이 책을 집필하는 데는 국내외의 많은 서적을 참고하였으므로, 그 책의 저자분들과 아울러 출판을 위해 애써주신 상학당 남승우 사장님, 그리고 편집에 애써주신 임직원께도 충심으로 감사드린다.

저자 씀

차 례

Contents

제 1 장

실험에 필요한 예비지식

1-1 실험에 임하는 기본자세와 안전수칙
1-2 실험측정기 및 기기의 취급요령
1-3 실험결과의 자료정리와 보고서 작성
1-4 단위해석과 측정값 처리

1-1 실험에 임하는 기본자세와 안전수칙

1 실험시 기본자세

실험을 행하는 학생들은 실험에 의하여 진리를 추구하겠다는 과학자의 자세로 임해야 할 것이며, 또 기기와 기구를 잘 사용하고 보존할 수 있는 기술자의 양심을 가지고 실험을 행해야 할 것이다. 실험에 임하는 기본자세를 요약하면 다음과 같다.

① 실험을 시작하기 전에 그 실험의 목적이 무엇이며, 관련 이론, 실험절차, 안전 및 유의사항 등을 습득하고 있어야 한다.
② 여러 명이 한 조가 되어 실험을 행하는 경우는 서로 협동하여 진행하여야 하며, 방관자가 되어서는 안되며 자신이 실험주체가 되어 실험에 임한다.
③ 실험기기 및 기구의 사용방법을 미리 설명서나 지도교수를 통하여 충분히 알고 있어야 한다.
④ 전원상태의 확인, 실험기기 및 부품 등의 성능과 개수는 실험하기 전에 확인해야 하며, 실험중에는 항상 성능과 동작상태에 대하여 관찰하는 자세로 실험에 임해야 한다.
⑤ 실험중에 나타나는 여러 가지 현상들을 주의깊게 관찰해서 기록하여야 하며, 사용기기의 형명과 조건 및 실험과제 관련 자료를 상세히 기록할 수 있는 실험 노트를 필히 준비한다. 이것은 실험이 끝난 다음에 실험결과를 분석하고 검토할 때 중요한 자료가 된다.
⑥ 실험이 끝난 다음에는 보고서와 결과 그래프를 작성하여 실험결과를 정리하고, 분석하는 습관을 기르도록 해야 한다.

2 실험시 안전수칙

안전교육은 실험을 안전하게 진행할 수 있고, 안전에 관한 제반규칙을 지킬 수 있도록 하는 것이지만, 인간이 안전한 습관과 태도로 임하기는 쉬운 일이 아니다.

따라서, 안전에 대한 지식과 기술, 태도는 다른 기술과 마찬가지로 이해하고 준수하여야 하며 많은 연습을 통해서만이 행동으로 나타날 수 있다.

안전사고는 방심과 자만에서 일어나는 경우가 많으며, 특히 실험은 전기와 화학물질 등에 의한 위험이 따르므로, 실험은 계획과 운영을 행하는 데 있어서 안전을 우선적으로 고려해야 한다.

학교의 실험실에서는 저전압, 소전류 상태에서 실험을 하기 때문에 안전에 소홀히 하는 경우가 많은 데 이는 장차 산업현장에서의 위험을 초래하게 되는 원인이 될 수도 있기 때문에 학교 실험에 있어서도 안전에 관해서는 몸에 익히도록 철저히 배워야 한다.

전기의 감전원인은 전류가 흐르고 있는 전선에 접촉될 경우, 누전된 기구류에 접촉되는 경우, 물기나 습기가 있는 곳에서 감전될 경우에 발생되며, 인체의 조건 등에 따라 감전정도가 정해지는데, 그 이유는 대전체와 대지 사이에 인간이 회로를 구성시키는 조건에 따라 차이가 있으나, 인체 내에 흐르는 전류의 세기에 따라 피해 정도가 다르기 때문이다.

감전사고의 원인은 전기기구 및 기기에서 충전 부분의 노출, 전기배선의 절연피복의 손상, 시설 자체의 결함, 작업방법의 미숙 및 동력선 부분의 부주의에 의한 접촉 등을 들 수 있다.

따라서, 감전사고를 방지하기 위해서는 전기설비의 철저한 점검, 전기기기 및 장비의 정비, 작업자에 대한 안전교육, 전기기기에 위험 표시, 절연 보호구의 사용, 허가자 이외의 전기기기 및 기구의 사용금지 등을 유의해야 한다. 따라서 학생들이 실험실에서 지켜야 할 안전에 관한 일반적인 수칙은 다음과 같다.

① 모든 과제를 수행하기 전에 기기 및 장비의 상태를 잘 점검한다.
② 실험은 모든 기기들이 정돈된 상태에서 이루어져야 한다. 그렇지 않을 경우에는 결선의 단락 및 전기충격 사고 등의 원인이 된다.
③ 물이 젖어 있는 바닥에서의 전기실험은 접촉저항의 감소로 누전 및 감전의 위험이 따르므로 주의하여야 한다.
④ 기기의 안전장치를 함부로 만지지 않는다.
⑤ 작업중에는 불필요한 말과 행동을 하지 않는다.
⑥ 모든 일은 서두르지 말고 침착하게 해야 한다.
⑦ 모든 사고가 발생하였을 때는 즉시 모든 실험기구의 전원을 차단하고 지도교수에게 보고한다.
⑧ 모든 기기 및 장비는 소중히 사용하며, 사용한 다음에는 제 위치로 이동하여 정리·정돈하여 보관한다.

1-2 실험측정기 및 기기의 취급요령

실험실 내에 있는 측정기와 장비 및 공구는 학생이 언제나 사용할 수 있도록 정리 · 정돈상태로 항상 준비되어 있어야 한다. 뿐만 아니라, 실험실에서 사용되는 측정기 및 장비 등은 각각 그 특유의 기능을 가지고 있으므로, 그 취급에 있어서 주의를 해야 하며, 실험실에서의 측정기 및 장비의 취급요령은 다음과 같다.

(1) 실험기기나 계기 등은 그 배치에 유의하여 결선이 복잡하게 교차되지 않도록 함은 물론이지만 회로도에 표시된 기기배열과 같게 하는 것이 좋다. 계기가 많아서 그 눈금을 동시에 읽어야 할 경우도 있으므로 기기의 정돈배열과 같은 반원들의 협조가 필요하다.

(2) 결선은 회로에 따라 먼저 전원단자로부터 시작하여 직렬로 된 주회로를 완성한 후 회로에 병렬로 들어가는 전압계, 저항기 등을 접속하는 것이 틀릴 확률이 적다.

(3) 결선이 끝나면 기계 및 전기적으로 불완전한 곳이 없는가, 계기나 저항기 등의 잘못된 접속 또는 회로의 차단상태를 다시 확인하고 지도교수의 점검을 기다려 전원 스위치를 넣는다. 스위치를 넣었을 때 계기가 반대방향으로 또는 과도하게 자침이 움직일 때에는 곧 바로 스위치를 OFF 상태로 하고, 접속을 바로 잡는다.

(4) 실험 도중에 사용하고 있는 계측기와 실험회로의 잘못된 조작으로 다음과 같은 이상 증상이 발생하는 경우에는 즉시 전원을 차단하고, 지도교수에게 보고하여 점검을 받고 문제점을 확인한다.

- 사용 계측기에서 경고등이 켜지거나 또는 경보음이 발생할 경우
- 계측기 및 사용장비의 파손
- 실험회로 배선의 잘못된 연결로 부품이나 회로에서 타는 냄새나 과열현상의 발생
- 전압이나 전류 등의 측정값이 이상적으로 증가 · 감소하는 경우

(5) 연속적인 측정값을 읽고 있을 때에는 전압이나 전류조절기를 증가시키는 방향으로 시작했으면 계속 증가시켜가면서 측정값을 읽어야 하며, 증가시켰다

가 도중에 측정값이 빠졌다고 해서 다시 감소시켜 측정한 후에 증가시키는 일을 해서는 안 된다. 이러한 경우에는 처음부터 다시 해야 한다.

(6) 실험이 끝나면 전원을 끄고 사용계측기 및 장비, 실험 테이블과 그 주변을 정리하고, 사용한 실험장비와 부품을 정검하여 원위치에 정돈한다.

1-3 실험결과의 자료정리와 보고서 작성

1 실험결과의 기록과 정리

(1) 기록은 먼저 표를 여유있게 만들어 두고 여기에 기입한다. 교과서의 표는 하나의 보기를 든 것이므로 공란을 여유있게 두고, 실험 도중에 생길지도 모르는 문제점이나 관찰한 의견을 메모할 수 있도록 하고, 계산을 요하는 것은 계산 결과를 빠짐없이 기입하되 이 계산은 반드시 실험 노트에 계산하여 그 과정을 차후에 점검할 수 있게 한다. 흔히 종이에 계산한 후 버리는 식의 방법은 하지 않도록 유의해야 한다.

(2) 측정중에 생긴 특수한 현상은 사소한 일이라도 빠짐없이 기록해 두고, 실험이 끝난 다음에 이것을 검토하도록 한다.

(3) 실험관련 자료 및 내용을 기록할 때는 측정값뿐만 아니라 일기, 온도, 습도 등 그때의 주위 조건과 사용한 기기의 명칭, 정격, 형명, 제조회사명 등도 기록하여 실험결과를 검토하는 자료로 해야 하며, 다시 그 실험을 해야 할 때 참고가 되도록 해야 한다.

(4) 기록을 할 때에는 기본이 되는 설정량은 계기의 눈금을 읽기 좋게 정수값이 되도록 하고, 그래프를 그리는 경우를 생각하여 그 간격을 직선적인 등간격, 대수적인 등간격 등을 고려하여 설정하도록 한다.

(5) 계기의 눈금이 기본 눈금만 있고, 여기에 배율을 곱해서 측정값을 읽어야 할 경우에는 지시값에 배율을 곱해서 기록하지 말고, 지시값 그대로 읽어 기록하고 별도로 배율을 명시하도록 한다.

(6) 그래프로 그릴 때에는 실험점은 곡선에 따라 ×, ○, ●, △ 등의 표시를 이용하고, [그림 1-1](b)와 같이 그 평균점을 따라 자연스러운 곡선이 되도록 그려야 한다.

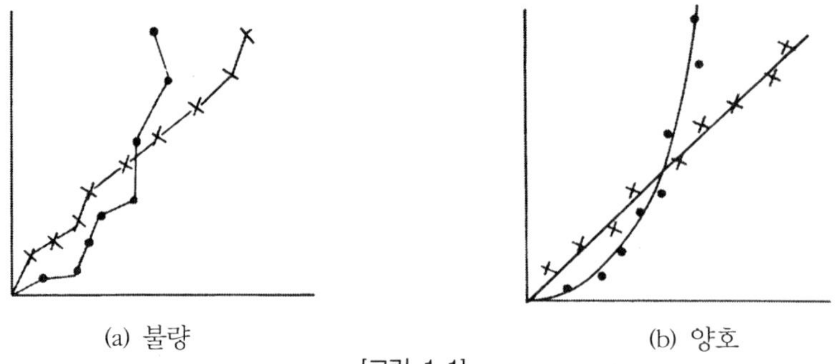

[그림 1-1]

(7) 측정값의 계산에 가장 중요한 것은 유효숫자의 자릿수이다. 예를 들면 어떤 저항 R[Ω]에 전압 $V=55$[V]를 가하니 전류 $I=13$[A]가 측정된 경우 전압계와 전류계는 그 지시에 ±0.2의 오차가 있다고 하면, 저항 R의 값은 다음의 R_1과 R_2의 범위내에 있는 값이 된다. 즉,

$$R_1 = \frac{55+0.2}{13-0.2} = 4.3125$$

$$R_2 = \frac{55-0.2}{13+0.2} = 4.1515151$$

$$R_3 = \frac{R_1+R_2}{2} = 4.232005$$

여기서 R_3은 R_1과 R_2의 중앙값을 참고로 표시한 것이다.

이와 같이 55[V]와 13[A]의 끝자릿수에는 오차가 포함되어 있으므로, 측정값에 의한 계산은 불필요한 자릿수까지 계산할 것 없이 유효숫자의 자릿수가 2자리이므로 3자리까지 구하여 반올림하면 된다. 즉,

$$R = \frac{55}{13} = 4.23 = 4.2[\Omega]$$

또한 전압 $V=55$[V]를 가하여 전류 $I=13$[mA]가 측정된 경우 저항값 R은

$$R = \frac{55}{13\times10^{-3}} = 4230.7692$$

로 계산되겠지만, 4230[Ω], 4200[Ω], 4.200[kΩ] 등의 기록은 하지 않고 4.2[kΩ] 또는 4.2×10^3[Ω]으로 표시해야 한다.

(8) 실험결과의 수치는 보기에 편리한 표로 만들어야 하고, 또한 반드시 그래프로 그려서 한눈에 볼 수 있도록 하며 수치의 단위를 명시해야 한다.

2 실험보고서의 작성방법

일반적으로 실험보고서 작성방법은 예비보고서와 결과보고서의 두 단계로 나누어 작성한다. 예비보고서는 〈표 1-1〉과 같이 미리 실험할 내용에 대해 이론을 중심으로 관련된 내용을 고찰 · 서술하고, 실험의 교재내용을 풀이하여 실험당일, 시작 전에 제출 또는 확인받는다.

그리고, 실험결과보고서는 〈표 1-2〉와 같이 실험한 결과를 비교 분석하도록 주어진 과제로 실험에 필요한 회로도를 숙지하여 연결 또는 조립하고, 측정방법과 측정계기의 원활한 조작, 실험절차, 실험목적에 따라 정확한 데이터를 얻고 작성해야 한다. 물론 혼자서도 가능하지만 실험조원의 역할분담에 따라 각자의 일을 하고 서로가 같이 할 수 있는 능력을 갖추어야 한다.

실험이 끝나면 학생들은 그 시간에 설정된 실험과제의 목적이나 관련 이론을 충분히 이해하고, 실험과정 중에 나타나는 여러 가지 현상 등을 주의 깊게 관찰하고, 실험결과를 보고서로 작성하는 능력은 매우 중요하다.

일반적으로 보고서를 쓰는 방법은 여러 가지 형식이 있으나, 실험을 담당하는 지도교수의 지도에 따라 보고서를 작성하여 제출하면 된다.

보고서의 양식은 실험항목, 목적 등에 따라 다르지만 대체적으로 다음 사항을 적당한 형식으로 기재하면 된다.

(1) 보고서표지 작성 : 보고서표지는 다음 내용을 명확하게 기재한다.
- 실험교과명과 실험제목
- 교과 담당교수명
- 제출일자
- 학과, 학년, 반
- 학번, 성명
- 실험조와 공동실험자

(2) 실험항목, 실험년월일시 및 실험자명(date and name), 공동으로 실험한 경

우는 공동실험자명, 실험장소, 기상조건

(3) 실험목적(subject)

(4) 관련이론(relational principle) : 실험에 직접 응용된 이론 및 자료

(5) 접속도(connection diagram) : 경우에 따라 실체 결선도를 함께 기입해도 좋다.

(6) 실험장치(apparatus)의 명세는 시료, 소요기구 등의 명칭, 형, 일련번호, 정격, 제조자명, 제조년월일 등

(7) 실험순서

(8) 실험결과(result) : 실험기록표, 곡선도표

(9) 결론 : 실험방법, 순서, 결과에 대한 검토 · 의견, 실험상 특히 고려한 사항 등

〈표 1-1〉 실험예비보고서 작성

실 험 예 비 보 고 서
1. 실험과제명 :
2. 실험목적 :
3. 관련이론 및 동작원리 :
4. 의문사항 및 내용 :
5. 참고문헌 :

〈표 1-2〉 실험결과보고서

실험결과보고서
1. 실험과제명 :
2. 사용기기 및 부품 :
3. 회로구성 및 실험과정
4. 실험결과
5. 종합검토 및 고찰 :
6. 참고문헌 :

1-4 단위해석과 측정값 처리

1 단위해석

(1) 기본단위와 유도단위

과학이나 공학에 있어서 단위의 두 종류가 사용되는 데 기본단위(fundamental unit)와 유도단위(drived unit)이다.

기본단위는 길이(M), 질량(K), 시간(S) 등으로 주 기본단위라 한다. 또 열분야, 전기분야 및 조명분야에 있어서의 어떤 물리적인 양의 측정에도 기본단위로 표현된다. 이와 같이 특별한 물리적인 양의 측정에 사용되는 단위를 보조 기본단위라 한다.

기본단위의 항으로 표현될 수 있는 모든 단위를 유도단위라 하고, 모든 유도단위는 그 단위를 정의하는 물리법칙에서 이루어진다. 예를 들면, 면적에 대한 유도단위는 m^2이다.

일반적으로 전기분야에서 사용되는 단위계는 MKS 단위계로서, 여기에서는 모든 단위의 기본이 되는 길이, 질량, 시간을 각각 미터(meter), 킬로그램(kilogram), 초(second) 단위로 측정하며 국제표준(SI : International System fo Units) 단위계라고도 한다.

길이, 질량, 시간과 함께 전기현상을 설명하는 데 추가적으로 필요한 기본량으로서는 전류와 온도가 있다. MKS 단위계에서는 각각 암페어(Ampere)와 절대온도인 켈빈(Kelvin)을 사용한다. 이와 같이 다섯 가지 기본량의 조합으로 모든 전기량의 단위가 표현된다. 〈표 1-3〉은 이들 5개의 기본단위들을 정리한 것이다.

〈표 1-3〉 전기분야의 기본단위와 기호

물리양	기호	단위	단위의 약자
길이	l	Meter	m
질량	m	Kilogram	kg
시간	t	Second	s
전류	I	Ampere	A
온도	T	Kelvin	K

(2) 10진 표기법

실제로 전기 이론분야에서 다루어지는 수의 범위는 매우 크므로 편의상 특별한 10진 표현이 필요하다. 〈표 1-4〉에 표준적으로 사용되고 있는 10진 지수의 접두어를 사용하는 10진 표기법을 나타내었다.

〈표 1-4〉 10진 지수 표기법

접두어	약자	읽기	등가값	어 원
exa	E	엑사	10^{18}	그리스 ex, 'beyond'
peta	P	페타	10^{15}	그리스 petasos, 'outreach'
tera	T	테라	10^{12}	그리스 teras, 'monster'
giga	G	기가	10^{9}	라틴 gigas, 'giant'
mega	M	메가	10^{6}	그리스 megas, 'great'
kilo	k	킬로	10^{3}	그리스 chilioi, 'a thousand'
hecto	h	헥토	10^{2}	
deca	da	데카	10^{1}	
deci	d	데시	10^{-1}	
centi	c	센티	10^{-2}	
milli	m	밀리	10^{-3}	라틴 mille, 'a thousand'
micro	u	마이크로	10^{-6}	그리스 mikros, 'small'
nano	n	나노	10^{-9}	그리스 namos, 'dwarf'
pico	p	피코	10^{-12}	스페인 pico, 'small quantity'
femto	f	펨토	10^{-15}	덴마크 femten, 'fifteen'
atto	a	아토	10^{-18}	덴마크 atten, 'eighteen'

(3) 실용단위

CGS(cm, g, s) 단위가 전기나 자기측정에 사용될 때 복잡성 때문에 CGS 정전단위와 CGS 전자단위라는 두 개의 단위계가 세워졌다.

전자단위계에서 전류와 전압에 대한 유도단위는 실제 측정에 있어서 암페어(Ampere)와 볼트(Volt)가 사용된다. 이 두 단위를 포함한 쿨롱(Coulomb), 옴(Ohm), 헨리(Henry), 패럿(Farad) 등의 단위가 제 3단위계로 채택되어 이것을 실용단위계라 한다. 전기에서 사용하는 전류, 전압, 에너지 및 전력 등의 실용전기단위계에 포함됨으로써 단위계가 확장되었다.

〈표 1-5〉는 전기분야에서 주로 사용되는 실용단위들을 정리한 것이다.

〈표 1-5〉 전기분야에서의 실용단위표

물리량	기호	단위의 명칭	단위의 약자	물리량	기호	단위	단위의 약자
전류	I	암페어(Ampere)	A	전력	P	와트(Watt)	W
전위	V	볼트(Volt)	V	전하	Q	쿨롬(Coulomb)	C
저항	R	옴(Ohm)	Ω	정전용량	C	패럿(Farad)	F
콘덕턴스	G	모우(Mho)	℧	인덕턴스	L	헨리(Henry)	H
에너지, 일	W	줄(Joule)	J	주파수	f	헤르츠(Hertz)	Hz
자속	ϕ	웨버(Weber)	Wb	기전력	E	볼트(Volt)	V

2 측정값의 처리방법

(1) 측 정

일반적으로 측정이란 어떤 양이나 변수의 크기를 결정하는 물리적인 방법을 말하며, 대소를 수량적으로 나타내는 조작을 하는 데 필요한 장치를 측정기라 한다.

새로운 기술의 발달로 더 정교하고 정확한 측정기가 요구되어 좋은 측정기를 사용한다 하더라도 그 사용법이나 취급방법을 잘 알지 못하면 정확한 결과를 얻을 수 없으므로 측정기를 올바르게 사용하기 위해서는 측정기의 구조와 조작원리를 잘 이해하고, 측정기가 측정 대상에 적합한가를 평가할 수 있어야 한다.

(2) 정확도와 정밀도

정확도(accuracy)는 측정된 양이 참값에 가까운 정도 혹은 일치하는 정도를 의미하는 것이다. 즉, 참값이 100[V]일 때 99.9[V]보다 99.99[V]가 한 자리 높은 정확도이다.

정밀도(precision)는 측정을 여러 번 할 때 측정군의 측정량 혹은 측정기 사이의 일치 정도를 뜻하며, 눈금을 얼마나 미세하게 식별이 가능한가, 즉 1[V] 단위보다 0.1[V] 단위가 한 자리 높은 정밀도이다.

(3) 유효숫자

유효숫자라 함은 그 자리수 전까지는 오차를 포함하지 않으나 그 자리수는 오차를 포함하는 숫자까지의 자리수를 말한다. 측정에 대한 정밀도의 표시는 측정결과에 표시된 유효숫자로부터 얻는다.

유효숫자는 어떤 양의 크기와 측정의 정밀도를 고려해서 실제적인 정보를 나타내어 준다. 유효숫자가 많을수록 측정의 정밀도는 높다. 예를 들면, 12300의 유효숫자는 1, 2, 3의 3자리 숫자이다.

여기서, 0이 아닌 숫자는 유효숫자, 0이 아닌 숫자 사이에 끼어 있는 0은 유효숫자, 소수에서 0이 아닌 숫자 뒤에 오는 0은 유효숫자이다. 그러나 단순히 자리수만 맞추기 위해서 있는 0은 유효숫자가 아니다.

3 오차와 측정값의 처리

(1) 오차 및 보정

측정값과 참값의 차이를 오차(error) 또는 절대오차(absolute error)라고 한다. 즉 오차와 백분율오차(percentage error)는 다음과 같이 정의한다.

$$\text{오차} = \text{측정값} - \text{참값}$$

$$\text{백분율오차} = \frac{\text{측정값} - \text{참값}}{\text{참값}} \times 100[\%]$$

(2) 오차의 종류

측정시에 발생하는 오차는 크게 과실오차(mistake error), 계통오차(system error) 및 우연오차(random error)로 나눌 수 있다.

1) 과실오차

측정자가 눈금을 잘못 읽거나 또는 기록 등의 부주의로 발생하는 오차를 말한다. 이 오차는 측정자의 부주의나 나쁜 습관에서 비롯되는 것이므로 같은 양에 대하여 여러 번 측정하고 또한 측정자를 바꾸면 오차를 줄일 수 있다.

2) 계통오차

계통오차(systematic error)는 측정계기의 부정확성 또는 기기의 결함에 기인하는 오차로서 그 크기와 부호를 보정할 수 있는 오차이다. 세분하면 외부의 자계 및 습도, 온도의 변화에 의한 외계오차(external error), 또한 사용하는 기계의 부정확성에 의한 기계오차(instrum ental error), 측정자에 대한 환경의 영향 등에 의한 개인오차(personal error)를 들 수 있다.

3) 우연오차

계통오차를 제거하여도 원인 모르게 나타나는 오차이다. 이 오차는 기기의 교정 등으로 제거할 수 없는 것이다. 따라서 이 오차는 측정 횟수를 늘리고, 평균을 취하는 통계적 처리로 줄일 수밖에 없다.

4) 기타 제한오차

대부분의 지시계기에서 정확도는 최대눈금 지시값의 백분율(%)에 의해 보증된다. 회로소자(저항, 콘덴서 등)는 그 정격값의 몇 [%] 이내로 보장된다. 이와 같은 정격으로부터 편차의 제한값을 제한오차(limiting error) 혹은 보장오차(guarantee error)라 한다.

4 납땜 방법과 기본공구 사용법

전자기기의 조립에 있어 가장 초보적인 단계인 납땜 작업은 대단히 단순하지만, 부품과 부품 또는 리드선과 부품 상호간에 전기적인 통로를 제공하는 것이다. 따라서 납땜의 원칙은 최소량의 납으로 최대의 신뢰성을 확보할 수 있도록 기능을 완전히 습득하여 일종의 습관화가 되도록 하는 것이 중요하다.

(1) 납땜의 원리와 재료

접합시키는 금속과 금속 사이에 녹은 납을 흐르게 하고 이것을 충분히 빨아들여 접합시켜 전기적인 통로를 제공한다. 즉, 청결한 접합물 표면과 용융 납의 주석 성분이 모세관현상에 의하여 화합물을 생성하여 합금 융착되어 납땜이 된다. 그리고 PCB 기판 위에서 납땜 작업 이외의 리드선 작업은 Wire-Rapping, 압착단자법으로 결선한다.

1) 인두사용법

전기인두는 크게 막대 인두와 권총 인두로 나누며, 전력소모를 제외한 작업시간 및 안정성을 고려하면 막대 인두가 우수하다. 그리고 납땜이 적합한 온도까지 필요한 열량은 다음 식으로 나타내며 납땜을 하는 부분의 크기나 재질에 따라 다르다.

$$열량 = 열용량 \times 온도 = 탭의\ 무게 \times 비열 \times 온도$$

필요한 열량을 얻기 위하여 인두 끝의 온도를 너무 높게 하면 인두 팁이 열화되든지 납땜한 뒤 윤택이 없어져 납땜 결과가 불량하다. 보통 인두 팁의 온도 범위는 320~370[℃]가 되도록 가열하며(보통 납의 융점은 250[℃], 270[℃]), 인두 팁은 가열속도, 열용량 및 열전도, 온도변화, 부식, 소비전력 등이 적절하여야 한다.

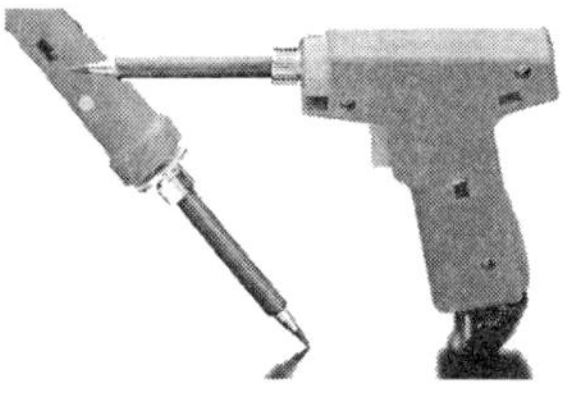

[그림 1-2]

① 인두 잡는 법

[그림 1-3](a)와 같이 소형 인두의 경우는 Pen-Holder, 중형 인두의 경우는 Shake-Hand형으로 잡고 손목을 자유롭게 움직일 수 있도록 하고, [그림 1-3](b)와 같이 피접합부를 가열한다.

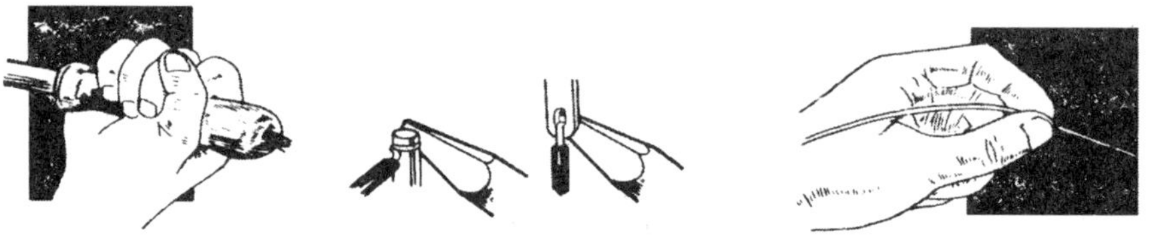

(a) 인두 잡는 법 (b) 피접합부 가열하는 법 (c) 납 잡는 법

[그림 1-3] 인두 및 납 잡는 법

② 인두 팁의 손질

인두 팁은 구리로 되어 있으므로 팁의 표면이 산화되거나 납에 포함되어 있는 주석에 의하여 침식되어 열전도가 불량하고 작업능률이 저하된다. 따라서 사용하기 전에 샌드페이퍼나 쇠줄을 사용하여 산화피막을 제거하고, 인두 끝의 형상을 단자에 맞춰 정형하여 납을 팁 위에 얇게 도포한다. 이러한 불편을 해소하기 위하여 인두 팁 끝을 산화가 잘 되지 않는 금속으로 도금한 제품을 사용하며, 절대로 샌드페이퍼나 쇠줄 등으로 도금된 인두 팁 표면을 연마해서는 안 된다.

③ 인두의 규격

인두의 규격은 여러 종류가 있으며, 일반적으로 리드선 기판작업에는 30[W], 전류가 많이 흐르는 전원이나 접지, 그리고 고주파 부분은 60[W] 인두가 적합하다. 그리고 반도체 부품을 납땜하는 경우 인두의 누설전류에 의한 부품의 손상을 억제하기 위하여 절연 변압기가 부착된 인두를 사용하고, 인두의 열이 부품으로 전달되어 부품이 손상되는 것을 억제하기 위하여 롱로우즈 플라이어 등으로 부품의 리드선을 잡고 신속하게 납땜을 한다.

2) 납

적절한 융점, 전기적 전도, 기계적 강도, 불순물 제거능력 등이 필요하다(송진이 든 납).

① 종 류

전기적 전도에 영향을 주는 주석과 기계적 강도 및 납땜 윤택에 영향을 주는 아연의 배합비율에 따라 성질이 다르다. 그리고 납이나 주석은 고유의 융점을 갖고 있지만, 주석과 납의 비율을 63 : 37 정도로 하여 합금을 만들면 융점이 가장 낮아지며 자동 납땜용으로 적합하다. 그러나 일반용으로는 주석이 61.9[%] 정도 함유된 납(Sn60)을 사용한다.

이 밖에 주석과 아연 이외에 인듐, 카드뮴(50[%]) 등을 혼합하면 융점이 70～150[℃]로 낮아지고, 안티몬, 은(5[%]) 등을 혼합하면 융점이 250～390[℃]로 높아진다.

작은 부품이나 열에 민감한 반도체 부품에는 직경 1.2[mm], 단자가 큰 경우는 직경 1.5[mm]의 납을 사용한다.

② 납 잡는법

실납을 원통형 물체 등에 권선하여 [그림 1-3](c)와 같이 납의 끝 부분에서 3~5[cm] 떨어진 부분을 엄지와 인지로 잡고 중지를 대어 납의 공급이 원활하도록 한다.

3) 페이스트

수지(송진), 산(활성제) 및 알콜(용제)이 주성분으로 불순물이나 산화물을 제거하여 납땜 작업이 신속하도록 작용하며, 작업 후에는 페이스트(paste) 찌꺼기를 제거하고 산화방지제를 도포한다. 최근에는 환경오염 및 작업자의 안전을 위하여 친환경 대체 물질이 개발되고 있다.

4) PCB 기판

일반적으로 페놀수지 기판과 에폭시 수지 기판으로 분류하며, 페놀수지 기판은 실험 및 샘플 제작용을 사용하고 에폭시 수지 기판은 상업용에 사용한다. 일반적으로 수지의 두께는 0.8, 1.2, 2.4, 3.2[mm]이고, 구리막의 두께는 35~70[μm] 정도가 된다.

(2) 작업 방법

1) 예비 납땜

표면적이 넓은 단자나 굵은 선 또는 여러 재료를 동시에 납땜하려면 각각의 재료와 접합할 부분에 미리 약간의 납을 입히는 것이 신속하고 정확하게 양호한 납땜을 할 수 있다.

2) 고 정

납땜할 때 선이 움직이지 않게 하는 방법은 [그림 1-4]와 같다. 그리고 단자에서 조금 떨어지게 리드선을 고정하여야 열에 의하여 피복이 녹지 않는다.

① 감아서 묶음

리드선을 단자에 감아서 고정하여 납땜을 하며, 주로 구멍이 없는 평단자나 막대 단자에 적당하다. 감는 방향이나 회수 등을 정하여 평행하게 감아 납땜 중에 움직이지 않도록 감아서 고정한다.

(a) 각종 단자에 감는 법　　　(b) 걸치는 법

[그림 1-4] 접속선의 고정

② 걸쳐서 묶음

리드선 끝을 V자형으로 하여 단자 구멍에 걸쳐서 고정하여 납땜하고 구부려 놓은 리드선은 단자에서 벗어나지 않도록 적당한 길이로 절단하여 걸쳐서 고정한다. 그리고 PCB 기판상에서 작업할 때는 드라이버나 다른 공구 등을 사용하여 고정하고 납땜한다.

3) 가 열

인두를 오른손에 잡고 인두 팁이 접합부에 접촉면적이 크도록 밀착하면서 인두 팁이 움직이지 않도록 힘을 가하여 접합부를 신속하게 가열한다.

4) 납의 공급과 제거

납 끝을 똑바로 하여 3~5[cm] 정도의 곳을 왼손 엄지와 인지로 잡고, 가열된 부분에 납을 칠하듯이 융합되게 적절하게 납을 공급한다.

리드선을 납땜할 경우는 리드선의 윤곽이 약간 나타나면서 납땜의 자락이 움푹 패인 것 같이 흘러 융합되도록 납을 공급한다.

5) 납땜 후 인두의 처리

회로접점 부위에 납을 공급한 다음은 즉시 인두 팁의 일직선 반대방향이나 혹은 위의 방향으로 가벼운 동작으로 매끈히 끈다. 그리고 납땜부가 움직이지 않도록 고정하고 입김 등을 사용하여 냉각한다. 이 경우 인체에 유해한 융합된 납의 연기를 흡입하지 않도록 주의하고 통풍과 환기를 시키도록 한다.

6) 납땜 뒤의 점검

잘못된 배선, 누락된 부분이나 불량 납땜 부분을 점검하고 수정한다.

(3) 불량 검사

다음과 같은 방법으로 검사 처치한다.

1) 시각 검사

① 적정량의 납사용 여부
선의 윤곽이 나타날 정도의 적정량의 납을 사용한다.

② 윤 택
과열된 인두를 사용하거나 불순물이 많으면 윤택이 잘 나지 않는다.

③ 브리지
납땜과정 중 납을 제거하는 순간이 길거나 접합부에 리드선이 완전히 밀착이 안 되었을 때 발생한다.

2) 촉각 검사

① 돌 기
인두 팁의 온도가 높으면 모세관현상에 의하여 발생하므로 인두를 식힌 후 다시 납땜한다.

② 불필요한 선
납땜 전에 미리 절단한다.

3) 충격 검사

기판의 견고함을 검사한다(고무망치 사용).

4) 환경 검사

(4) 안전수칙 및 유의사항

납땜 작업시 작은 부주의는 인두 팁의 가열범위가 400[℃] 내외 고온으로 인체에 매우 치명적인 상해를 줄 수 있으므로 매우 주의해야 한다.

제시된 도면에 따른 납땜 작업을 기준으로 유의할 사항은 다음과 같다.

① 주위 학생과 여유공간을 갖고 화상이나 찰과상 등을 입지 않도록 작업한다.

② 납땜 작업시 발생하는 연기는 인체에 유해하므로 가급적 흡입하지 않도록 유의하고, 인두를 제거한 후 신속하게 냉각되도록 입김 등을 불어주는 것도 바람직하다.

③ 윤택이 있는 깨끗한 납땜 결과를 얻기 위하여 매번 납땜 작업 후 산화밥을 제거하고 물에 젖은 스폰지에 인두 팁을 돌려가며 비벼서 적당히 냉각한다.

④ 납땜 상태가 불량한 곳은 납 제거기를 사용하여 납을 제거할 부분에 인두를 사용하여 녹인 후, 납 제거기의 윗 부분을 누르고 녹은 납에 접근하여 납 제거기의 버튼을 누른다.

⑤ 납땜 부위의 리드선은 손으로 만지면 뜨거우므로 가급적 피하고 필요시에는 －자 드라이버를 사용하거나 적당한 간격으로 끊어 놓은 밀어 놓은 후 피복을 잡고 작업한다.

⑥ 제거한 피복은 작업대 위에 모아놓고 실습이 종료되면 쓰레기통에 버린다.

⑦ 리드선의 피복을 제거할 때 리드선에 흠이 생기거나 끊어지지 않게 주의하여야 한다.

⑧ 인두로 기판을 가열하는 시간이 길면 납의 윤택이 적어지고 패드가 기판에서 이탈한다.

⑨ －자 드라이버나 공구 등을 사용하여 리드선이 패드의 중앙을 통과하면서 기판에 완전 밀착되도록 고정하고 납땜을 하여야 패드와 패드 사이가 납으로 직접 연결되는 브리지가 방지되고 견고한 납땜이 된다.

(5) 리드선의 납땜

(a) 나쁜 방법 (b) 좋은 방법

[그림 1-5] 견고한 납땜

① 패드상에 위치한 리드선의 납땜은 불연속적으로 납땜을 하여야 하며, 그렇지 않으면 방금 전에 납땜한 부분에 열이 전도되어 떨어질 우려가 있다.

(a) 나쁜 방법 (b) 좋은 방법

[그림 1-6] pad의 납땜

② 리드선이 꺽어지는 부분은 －자 드라이버나 롱로우즈 플라이어를 사용하여 직각으로 먼저 꺽고 납땜하는 것이 미관상으로도 보기에 좋고 작업도 용이하다.

[그림 1-7] 굴곡부 납땜 과정

③ 불필요한 부분은 절단하고 납땜을 하여야 납땜 후 선이 돌출하지 않는다.

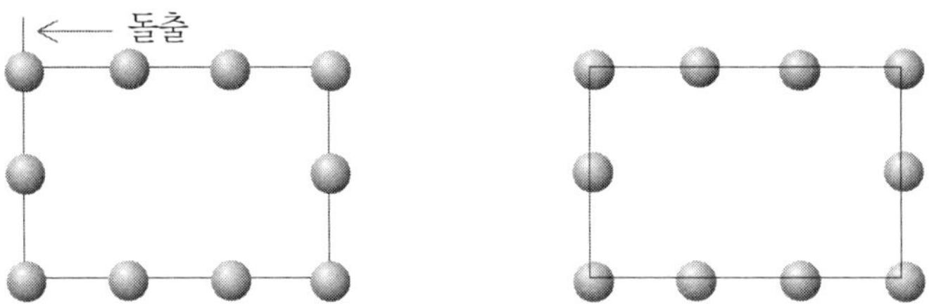

(a) 납땜 후 절단 상태 (b) 절단 후 납땜 상태

[그림 1-8] 불필요한 부분의 납땜

(6) 납땜 실습순서

1) 공구 사용법

① 롱로우즈 플라이어의 평평한 면으로 리드선의 끝에서 2～3[cm]되는 부분을 꼭 잡는다.

② 롱로우즈 플라이어와 니퍼를 ＋자로 밀착하고, 니퍼에 약간의 힘을 주면서 상하로 움직여 리드선의 피복에 흔적을 만든다.

③ 니퍼 날의 한 쪽 면을 지렛대 받침으로 니퍼를 비틀어 올려 리드선 피복이

늘어나면서 끊어지도록 한다.

④ 리드선에 흠이나 끊어진 부분을 확인하면서 2～3[cm]간격으로 연속 작업한다.

2) 납땜 작업

① [그림 1-9]의 작업도면을 모눈종이에 유의하여 작도한다.

② 기판을 청결하게 닦는다.

③ 납과 인두를 사용하여 작업을 시작할 부분(A1)을 예비 납땜한다.

④ 손으로 리드선의 끝에서 2～[3cm]되는 부분을 잡고 예비 납땜한 위치에 고정하여 납땜한다.

⑤ 리드선의 피복을 뒤로 밀어내고 T1 부분에서 직각으로 굽히고 고정한 다음 [그림 1-7], [그림 1-8]을 참고하여 A1과 T1 패드 사이의 납땜을 한다.

⑥ 유의사항과 작업도면을 참고하여 작업을 계속한다.

⑦ 도중에 수시로 불량검사를 하면서 납땜 결과를 수정한다.

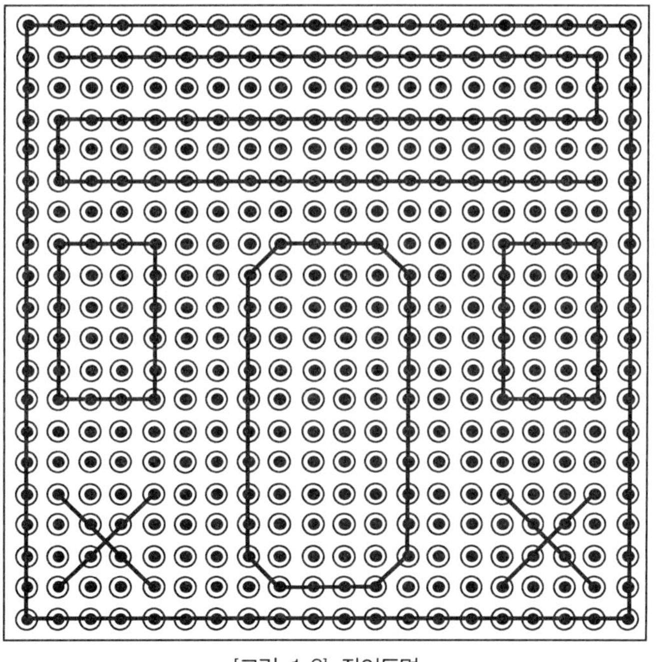

[그림 1-9] 작업도면

3) 검토사항

① 리드선의 피복제거 실습에서 유의사항을 실습결과를 참고해 설명하시오.

② 납땜 실습에서 유의사항을 실습결과를 참고하여 설명하시오.

③ 납땜 불량과 그 교정방법을 설명하시오.

제2장

실험 전 기본이론

2-1 전하 · 전류 · 전압 · 전력의 해석

2-2 옴 · 키르히호프 법칙과 기본회로

2-3 측정기 활용을 위한 교류신호의 해석

2-4 전자기기용 기호

2-1 전하 · 전류 · 전압 · 전력의 해석

1 전 하

유리막대를 명주헝겊으로 문지른 다음 종이조각과 같은 가벼운 물체에 접근시키면 가벼운 물체들이 유리막대로 끌려간다. 이 실험에서 자석에 절대로 달라붙지 않는 물질까지도 흡수하는 것을 보면 이것은 분명히 자력(magnetic force)에 의하여 끌리는 것이 아니고, 다른 종류의 어떠한 힘이 발생하여 물질을 끌어당기고 있음을 알 수 있다.

이와 같이 마찰된 물체가 가벼운 물체를 흡수하고 있을 때 흡수하는 힘의 원천을 전기(電氣 : electricity)라 한다.

미국의 과학자 프랭클린(Franklin : 1706～1790)은 유리막대에 나타나는 전기를 양(+)전기(positive electricity), 명주헝겊에 나타나는 전기를 음(−)전기(negative electricity)라 불렀다.

전기의 본질에 관해서는 원자물리학의 관점에서 요약 설명할 수 있다. 모든 물질은 분자(molecular)들의 집합이고 분자는 원자(atom)의 집합으로 되어 있으며, 이들 원자는 원자핵(atomic nucleus)과 그 주위를 돌고 있는 전자(electron)들로 구성되어 있다.

원자핵은 양(+)전기를 가진 양자(proton)와 전기를 가지지 않는 중성자(neutron)가 결합되어 있다. 전자는 음(−)전기를 지닌 입자이며, 원자의 종류에 따라 1개로부터 수십 개의 전자가 원자핵 주위의 정해진 궤도위를 돌고 있다.

정상상태에서 원자를 이루고 있는 양자의 수는 전자의 수와 같으며, 양자 1개가 지니는 전기량은 전자 1개가 지니는 전기량과 같고 극성은 반대이므로 원자는 전체적으로 볼 때 전기적으로 중성이다.

앞의 경우 마찰에 의해 유리막대는 자유전자가 명주헝겊으로 이동하여 중성체에서 전자(−)가 부족하여 양(+)전기를 띠게 되고, 명주헝겊은 반대로 자유전자를 얻어 전자 수가 양자 수보다 많으므로 음(−)전기를 띠게 되는 것이다.

이상으로 전기란 모든 원소 중에 포함되는 원자핵 중에 양자(+)와 이것을 둘러싼 전자(−)가 그 근원이라 할 수 있다.

대전에 의해서 물체가 띠고 있는 전기를 전하(電荷 : electric charge)라고 한다. 전자 1개가 갖는 전하는 전기량으로서 더 이상 쪼갤 수 없는 최소의 양이다. 그러나 이 양은 너무 적으므로 MKS 단위계(길이, 질량, 시간의 단위로 각각 Meter, Kilogram, Second를 쓰는 단위계)에서는 전하의 단위를 쿨롱(Coulomb[C])이라 하고, 이는 프랑스의 과학자 쿨롱(Coulomb : 1736~1806)의 이름에서 따온 것이다.

전자 1개의 전하는 $\mathbf{1.602 \times 10^{-19}}$[C]이다. 따라서 $1/1.602 \times 10^{-19} = \mathbf{6.25 \times 10^{18}}$개의 전자가 모이면 1[C]이 된다.

예제 2-1

전자 3×10^{20}개의 전하는 총 몇 [C]인가?

풀이 총 전하 Q는

$Q = 1.602 \times 10^{-19} \times 3 \times 10^{20} = \mathbf{48.06}$[C]

2 전 류

앞 절의 실험에서 유리막대로부터 명주헝겊으로 전자의 이동, 즉 전하가 이동한다고 하였다.

전기회로에서 에너지가 전송되려면 전하의 이동이 있어야 한다. 이 전하의 이동을 전류(電流 : electric current)라고 한다. 전류의 크기는 회로의 어느 단면을 단위시간에 통과하는 전하의 양으로써 정의된다. 그 MKS 단위는 암페어(Ampere)이고 기호는 [A]이며, 프랑스의 과학자 앙페르(Ampere : 1775~1836)의 이름에서 딴 것이다.

1[A]는 1초 동안에 1[C]의 전하, 즉 6.25×10^{18}개의 전자가 이동할 때의 전류이다. 따라서 일정한 비율로 t초 동안에 Q[C]의 전하가 이동할 때의 전류 I와 전하 Q는 다음과 같다.

$$I = \frac{Q}{t}\,[\mathrm{A}], \qquad Q = I \cdot t\,[\mathrm{C}] \tag{2-1}$$

[그림 2-1] 같은 전류의 2가지 표현

전류의 방향은 관례상 정(+)전하가 이동하는 방향으로 정하고 있으므로 전자의 이동방향은 전류의 양(+)의 방향과 반대이다.

도선이나 소자에 흐르는 전류를 나타낼 때 2가지를 밝혀야 한다. 하나는 전류의 기준방향을 나타내는 화살표이고, 또 하나는 그 기준방향으로 흐르는 전류값이다.

[그림 2-1](a)와 같이 전류값의 대수적인 부호가 정(+)일 때 전류가 흐르는 실제 방향을 나타내는 것이다. 그림 (b)와 같이 전류값의 부호가 부(−)이며 전류가 실제로 흐르는 방향은 화살표와 반대가 된다.

예제 2-2

어떤 도체의 단면을 3분간 같은 비율로 360[C]의 전하량이 통과되었다면 전류의 크기는 얼마인가?

풀이 $I=\dfrac{Q}{t}=\dfrac{360}{3\times 60}=2[A]$

예제 2-3

어떤 도선에 2[A]의 전류가 8초 동안 흘렀다면 대략 몇 개의 전자가 이동한 것인가?

풀이 이동한 총 전하량은

$Q=I\cdot t=2\times 8=16[C]$

따라서 전자의 개수는

$N=Q\cdot e=16\times 6.25\times 10^{18}=10^{20}$[개]

3 전 압

물은 수위가 높은 곳에서 낮은 곳으로 흐르며, 두 점간에는 수위차가 있다고 말한다. 마찬가지로 도체에 전류가 흐르기 위해서는 도체 양단에 전위차가 있어야 한다.

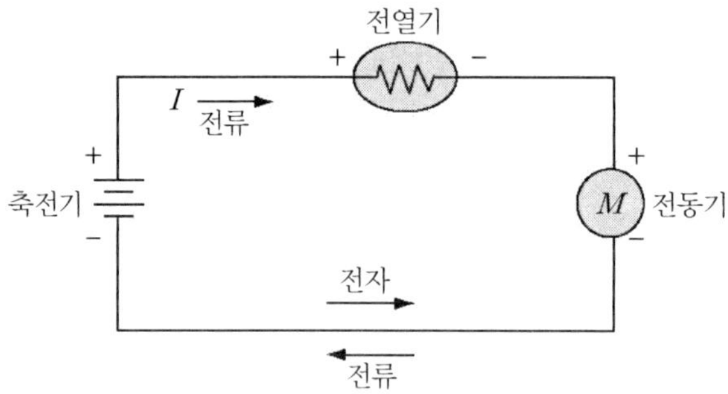

[그림 2-2] 전류와 전자의 이동방향

물이 흘러 수위가 변화될 때 에너지 변환이 일어나듯이 회로에도 전류가 흐를 때에는 에너지의 변환과 전송이 일어난다.

예를 들면 [그림 2-2]와 같은 회로에서는 축전지 내에서 화학적 에너지가 전기적 에너지로 변환되고, 이 전기적 에너지는 전류에 따라 회로의 각 부분에 전송되어 전열기 내에서는 열에너지로, 전동기 내에서는 기계적 에너지로 변환된다. 이와 같이 양(+)전하가 축전지를 통할 때에는 전기적 에너지를 얻고, 회로의 다른 부분을 통할 때에는 얻은 에너지를 잃게 된다.

+1[C]의 전하가 회로의 두 점 사이를 이동할 때 얻거나 또는 잃는 에너지를 두 점간의 전위차(電位差 : electric potential difference) 또는 전압(電壓 : voltage)이라고 하며, 그 MKS 단위는 볼트(Volt)로서 기호는 [V]이며, 이탈리아의 물리학자 볼타(Volta : 1745~1827)의 이름에서 딴 것이다.

1[V]는 1[C]의 전하가 두 점간을 이동할 때 얻거나 또는 잃는 에너지가 1줄[joule, J]일 때의 전위차이다. 따라서 Q[C]의 전하가 전위차가 일정한 두 점간을 이동할 때 얻거나 또는 잃는 에너지가 W[J]이라 하면 그 두 점간의 전압은

$$V = \frac{W}{Q}\,[\mathrm{V}], \quad W = VQ\,[\mathrm{J}] \tag{2-2}$$

(a) 전하가 에너지를 얻는 경우(전압상승)

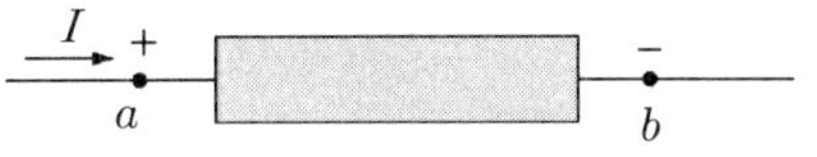

(b) 전하가 에너지를 잃는 경우(전압강하)

[그림 2-3] 전압상승과 전압강하

[그림 2-3](a)에서 회로 내의 한 점 a에서 다른 점 b까지 양(+)전하를 이동시키는 데 외부에서 일을 해주어야 할 때, 즉 이동하는 전하가 에너지를 얻을 때 b점의 전위는 a점의 전위보다 높다고 표현하며, a에서 b로 전압상승(voltage rise)이 있다고 말한다.

마찬가지로 그림 (b)와 같이 양전하가 이동하면서 전하 자신이 일을 할 때, 즉 전하가 에너지를 잃을 때에는 a에서 b로 전압강하(voltage drop)가 있다고 말한다. 예컨대 축전지에 전류가 흐르면 화학적 에너지가 전기적 에너지로 변환되면서 전기에너지를 얻으며, 이때 축전지 양단에는 전류의 방향으로 전압상승이 생기며, 또한 전등에 전류가 흐르면 전기에너지가 열에너지로 변환되면서 전기에너지를 잃는다. 이때 전등의 양단에는 전류의 방향으로 전압강하가 생겼다고 말한다.

전지나 발전기는 전류가 계속해서 흐르도록 전위차를 유지하기 위한 장치로서 이들 장치는 기전력(electromotive force)을 가지고 있다고 말하며, e 또는 E로서 표시하며 그 단위는 전압과 같이 [V]이다.

예제 2-4

어느 두 점 사이를 20[C]의 전하량이 이동하여 100[J]의 일을 했다면 두 점 간의 전압은 몇 [V]인가?

풀이 $V = \dfrac{W}{Q} = \dfrac{100}{20} = 5[V]$

예제 2-5

어느 두 점간을 2[V]의 기전력으로 20[J]의 일을 할 때 이동한 전하량은 몇 [C]인가?

풀이 $Q=\frac{W}{V}=\frac{20}{2}=10[C]$

4 전 력

단위시간에 전압과 전류가 한 일의 양, 또는 단위시간에 변환 또는 전송되는 에너지를 전력(電力 : electric power)이라고 한다. 전력의 단위로는 [J/S]을 사용하기도 하지만, 이에 대한 MKS 단위로는 와트(Watt)로서 기호는 [W]이며, 증기기관을 처음 설계한 스코틀랜드의 공학자 와트(Watt : 1736～1819)의 이름을 따서 붙인 것이다.

1[W]란 1초 동안에 주고받는 에너지가 1[J]일 때의 전력이다. 따라서 주고받는 에너지 W[J]이 시간적으로 일정할 때의 전력은

$$P=\frac{W}{t}=\frac{W}{Q}\cdot\frac{Q}{t}=VI\,[\mathrm{W}] \text{ 또는 } [\mathrm{J/S}] \tag{2-3}$$

따라서 에너지, 즉 전력량 W는

$$W=Pt=VIt\,[\mathrm{J}] \tag{2-4}$$

이상에서 전압상승의 방향으로 전류가 흐를 때에는 전기적 에너지 또는 전력의 발생, 공급이 있고, 전압강하의 방향으로 전류가 흐를 때에는 전기적 에너지 또는 전력의 전송·소비가 있다.

실제로 전기이론 분야에서는 기본단위보다 크고 작은 양을 나타내기 위하여 〈표 2-1〉과 같이 10의 거듭제곱 형태로 표시되는 보조단위를 많이 쓴다.

〈표 2-1〉 10의 거듭제곱 보조단위

기 호	읽 기	배 수	기 호	읽 기	배 수
T	테라(Tera)	10^{12}	c	센티(centi)	10^{-2}
G	기가(Giga)	10^{9}	m	밀리(milli)	10^{-3}
M	메가(Mega)	10^{6}	μ	마이크로(micro)	10^{-6}
k	킬로(Kilo)	10^{3}	n	나노(nano)	10^{-9}
h	헥토(hecto)	10^{2}	p	피코(pico)	10^{-12}

이상으로 배운 내용을 요약하면 〈표 2-2〉와 같다. 기호에서 보통 소문자는 시간적으로 변하는 경우, 대문자는 시간적으로 불변인 경우에 쓰인다.

〈표 2-2〉 기본적인 전기적 양

전기적 양	기 호	단위(MKS계)	단위의 약자	관 계 식
전 하	q, Q	Coulomb	C	$Q=It=\frac{W}{V}$
전 류	i, I	Ampere	A	$I=\frac{Q}{t}$
전압 또는 기전력	v, V e, E	Volt	V	$V=\frac{W}{Q}$
전 력	p, P	Watt, Joule/Sec	W, J/s	$P=\frac{W}{t}=VI$
에너지 또는 일	w, W	Joule, Watt · sec	J, W · s	$W=Pt$

예제 2-6

1200[W]는 몇 [kW]인가?

풀이 1200[W] = 1.2 × 1000[W] = **1.2**[kW]

예제 2-7

0.02[A]는 몇 [μA]인가?

풀이 0.02[A] = $2\times10^{4}\times10^{-6}$[A] = $\mathbf{2\times10^{4}}$[μA]

예제 2-8

[그림 2-4]와 같은 회로에서 2[A]의 전류가 시계방향으로 흐를 때 각 소자가 소비하는 전력은 몇 [W]인가?

풀이 A소자에서는 전압상승으로 전력을 공급하고 B, C 소자는 전압강하로 전력을 소비하므로

$P_A = VI = -5 \times 2 = \mathbf{-10}$[W]
$P_B = 3 \times 2 = \mathbf{6}$[W]
$P_C = 2 \times 2 = \mathbf{4}$[W]

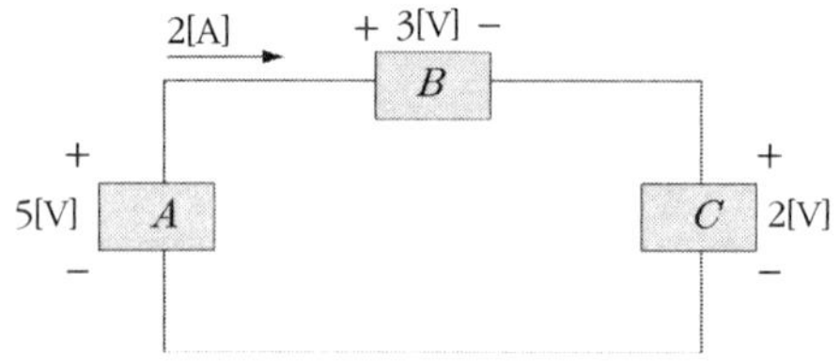

[그림 2-4]

예제 2-9

500[W]의 전력을 소비하는 전열기를 10시간 동안 연속하여 사용했을 때의 전력량(W)은 몇 [kWh]인가?

풀이 1[J]=1[W · s : Watt · sec], 1[Wh : Watt hour]=3600[W · s]

1[kWh]=1000[Wh]이므로

$W = Pt = 500[\mathrm{W}] \times 10[\mathrm{h}] = 5000[\mathrm{Wh}] = \mathbf{5}[\mathrm{kWh}]$

2-2 옴 · 키르히호프 법칙과 기본회로

1 옴의 법칙

모든 물질에는 전류가 흐를 때 전류의 흐름을 방해하는 작용이 있는데, 이 작용의 회로정수를 전기저항(electric resistance) 또는 간단히 저항(抵抗 ; resistance)이라고 하며, 전기적인 특성이 주로 저항인 실물을 저항기(resistor)라고 배웠다.

저항의 크기를 나타내는 단위는 옴(Ohm)이고, 그것은 1[V/A]와 같으며 기호로는 그리스 문자 오메가의 대문자 [Ω]이다. 1[Ω]은 도체의 양단에 1[V]의 전압을 가할 때 1[A]의 전류가 흐르는 경우의 저항값이다. 또 저항의 역수인 $G=\frac{1}{R}$을 컨덕턴스(conductance)라 하고, 그 단위는 모(℧ ; mho)이나 최근에는 모(mho) 대신 지멘스(S ; Siemens)를 쓰기도 한다.

도체는 모두 다소의 저항을 가지고 있으며 이를 통하여 전류가 흐를 때 열이 발생된다는 것을 실험적으로 알 수 있다. 즉 저항기에서는 공급된 전기적 에너지는 모두 열로 소비되므로 전류의 방향으로 전압강하가 일어난다.

1827년 독일의 물리학자 옴(Ohm ; 1787～1854)은 도체에 흐르는 전류는 가해진 전압에 비례하고, 도체의 저항에 반비례한다는 사실을 실험적으로 밝혔는데, 이것을 옴의 법칙(Ohm's law)이라고 한다. 이 관계를 식으로 나타내면

$$\left.\begin{aligned} I &= \frac{V}{R}\,[\mathrm{A}] \\ V &= RI\,[\mathrm{V}] \\ R &= \frac{V}{I}\,[\Omega] \end{aligned}\right\} \tag{2-5}$$

여기서 저항 R은 하나의 비례계수이다.

또한 저항에서의 전력은 옴의 법칙을 이용하면

$$P = VI = RI^2 = \frac{V^2}{R} = GV^2\,[\mathrm{W}] \tag{2-6}$$

예제 2-10

저항이 50[Ω]인 도체에 100[V]의 전압을 가할 때 도체에 흐르는 전류는 몇 [A]인가?

풀이 옴의 법칙에 의해

$$I=\frac{V}{R}=\frac{100}{50}=\mathbf{2}[\mathrm{A}]$$

예제 2-11

10[Ω]의 저항에 5[A]의 전류가 흐를 때 생기는 전압강하는 몇 [V]인가?

풀이 옴의 법칙에 의해

$$I=\frac{V}{R}=\frac{100}{50}=\mathbf{2}[\mathrm{A}]$$

예제 2-12

20[Ω] 니크롬선 양단에 100[V]의 전압을 인가했을 때의 소비전력과 1분간에 소비되는 에너지를 구하여라.

풀이

$$P=\frac{V^2}{R}=\frac{100^2}{20}=\mathbf{500}[\mathrm{W}]$$

$$W=Pt=500\times 60=\mathbf{3\times 10^4}[\mathrm{J}]$$

2 키르히호프의 법칙

비교적 간단한 회로의 전류와 전압의 계산은 옴의 법칙(Ohm's law)을 이용하여 쉽게 구할 수 있으나, 복잡한 회로망에서 전류와 전압의 계산에는 키르히호프의 법칙에 기초를 두고 구한다.

키르히호프의 법칙은 옴의 법칙을 응용한 것으로 제1법칙(전류에 관한 법칙)과 제2법칙(전압에 관한 법칙)으로 이루어져 있다.

(1) 키르히호프의 제1법칙

회로의 임의의 접속점(node) A에서 볼 때 접속점 A에 흘러들어오는 전류의 합

은 흘러나가는 전류의 합과 같다. 즉,

$$\Sigma \text{유입 전류} = \Sigma \text{유출 전류}$$

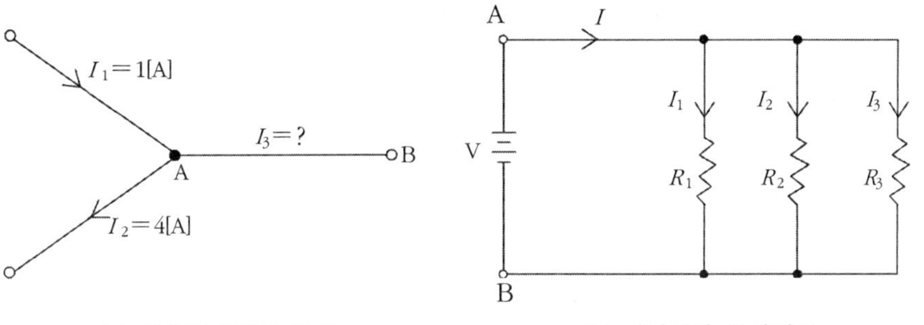

(a) 접속점에서의 전류 (b) 전전류와 분기전류

[그림 2-5] 키르히호프의 제1법칙

[그림 2-5]에서 회로 내 임의의 접속점 A에 흘러들어오는 전류를 I_1, I_2[A], 접속점 A로부터 흘러나가는 전류를 I_3[A]라 하면 다음 식이 성립한다.

$$I_1 + I_2 = I_3$$

이 식을 변형시켜

$$I_1 + I_2 + (-I_3) = I_1 + I_2 - I_3 = 0$$

즉, 회로망의 임의의 접속점에 흘러들어오는 전류에 (+), 접속점으로부터 흘러나가는 전류에 (−)부호를 붙이면, 접속점에 출입하는 전류의 대수합은 0이 된다. 이것을 키르히호프의 제1법칙 또는 전류법칙(Kirchhoff's current law : KCL)이라고 한다.

예를 들면, [그림 2-5](a)에서 점 A에 $I_1 = 1$[A]가 들어오고, $I_2 = 4$[A]가 흘러 나갔으므로 A−B 사이에 흐르는 전류를 I_3이라 하면, $I_1 + I_2 - I_3 = 0$ 이므로

$$I_3 = I_1 + I_2 = (+1) + (-4) = -3\,[A]$$

즉, 점 A에서 나가는 방향을 (+)로 정했으므로 3[A]의 전류는 점 A로 흘러들어오게 된다.

[그림 2-5](b)의 접속점에서 $I - I_1 - I_2 - I_3 = 0$이 된다. 이 식에 옴의 법칙(Ohm's law)을 적용하면

$$I - \frac{V}{R_1} - \frac{V}{R_2} - \frac{V}{R_3} = 0$$

이 된다.

예를 들면, 저항 $R_1 = 1[k\Omega]$, $R_2 = 2[k\Omega]$, $R_3 = 3[k\Omega]$이고, 전원전압 $V = 6[V]$라 가정하면

$$I = \frac{V}{R_1} + \frac{V}{R_2} + \frac{V}{R_3} = \frac{6}{1[k\Omega]} + \frac{6}{2[k\Omega]} + \frac{6}{3[k\Omega]} = 11\,[mA]$$

이며, $I_1 = 6[mA]$, $I_2 = 3[mA]$, $I_3 = 2[mA]$에 분기되는 전류의 합 $I_1 + I_2 + I_3 = 11[mA]$가 되어 전체 전류와 같다.

예제 2-13

[그림 2-6]에서 키르히호프의 전류법칙을 이용하여 I_4를 구하여라.

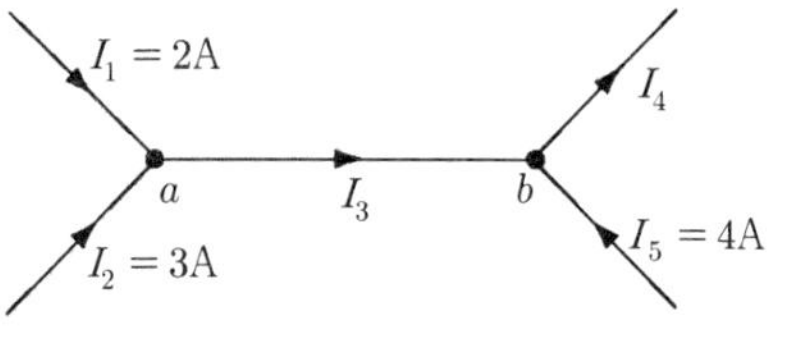

[그림 2-6]

풀이 먼저 접합점 a에서

$I_3 = I_1 + I_2 = 2 + 3 = 5[A]$

따라서 마디 b에서 I를 구하면

$I_4 = I_3 + I_5 = 5 + 4 = \mathbf{9}\ [A]$

(2) 키르히호프의 제2법칙

키르히호프의 제2법칙 또는 전압법칙(Kirchhoff's voltage law : KVL)은 회로망 중의 임의의 폐회로(closed circuit) 내에서 그 폐회로를 따라 한쪽 방향으로 일주

하면서 생기는 전압강하의 합은 그 폐회로 내에 포함되어 있는 기전력의 합과 같다는 것이다. 즉,

$$\Sigma \text{기전력} = \Sigma \text{전압강하}$$

단, 위의 식 좌변과 우변에서 각각 폐회로를 일주하는 방향과 일치하는 방향의 기전력과 전압강하는 (+)로 하고, 반대 방향인 경우는 (−)로 한다.

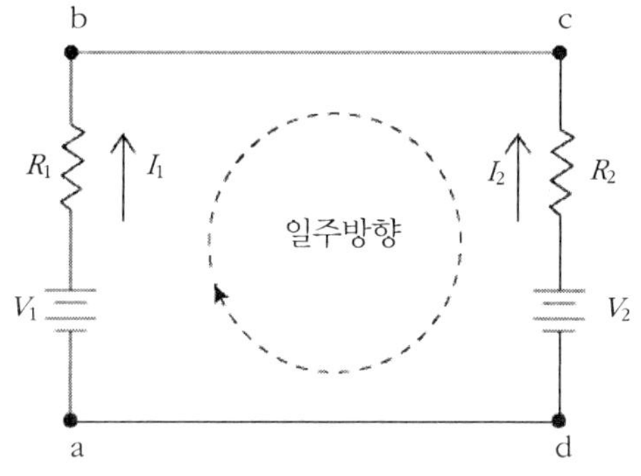

[그림 2-7] 키르히호프의 제2법칙

[그림 2-7]의 폐회로 a-b-c-d의 경우 각 가지(branch)에 흐르는 전류 I_1, I_2의 방향(→선)과 폐회로의 일주방향(◌)을 정하여 제2법칙을 적용하면

$$\Sigma \text{기전력} = V_1 - V_2$$

이며, V_1은 기전력의 방향과 일주방향이 동일하므로 (+)부호이고, V_2에서는 다르므로 (−)부호가 된다.

또한,

$$\Sigma \text{전압강하} = I_1 R_1 - I_2 R_2$$

이며, 저항 R_2의 전압강하 방향은 일주방향과 동일하므로 (+)부호이고, 저항 R_2는 다르므로 (−)부호가 된다.

그러므로 다음 관계식이 성립된다.

$$V_1 - V_2 = I_1 R_1 - I_2 R_2$$

이 식을 변형시켜

$$V_1 - V_2 - I_1 R_1 + I_2 R_2 = 0$$

이라고 하면 제2법칙은 다음과 같이 정의할 수 있다.

임의의 폐회로를 따라 한 방향으로 일주하면서 취한 전압상승의 대수합은 0이다. 이때, 일주방향으로의 전압상승은 (+)로 하고, 그 반대 방향으로의 전압강하는 (−)로 해야 한다.

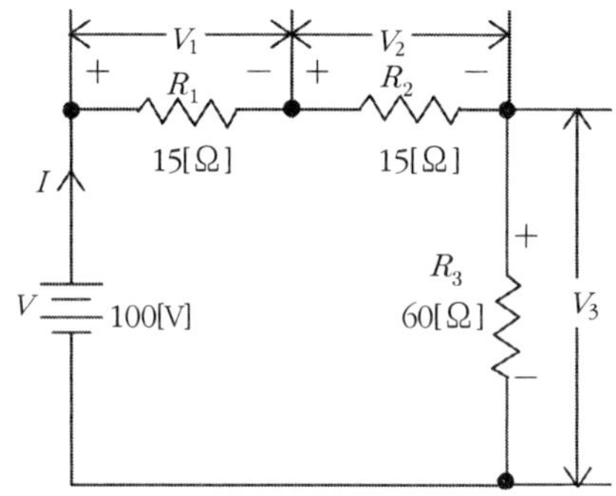

[그림 2-8] 폐회로

예를 들면, [그림 2-8]은 폐회로를 형성하므로 R_1, R_2, R_3 양단의 전압강하를 각각 V_1, V_2, V_3이라고 하면

$$V = V_1 + V_2 + V_3$$

이다.

옴의 법칙(Ohm's law)을 적용하면

$$V = IR_1 + IR_2 + IR_3$$

이다.

예를 들면, 저항 $R_1 = 15[\Omega]$, $R_2 = 25[\Omega]$, $R_3 = 60[\Omega]$, 전원전압 $V = 100[V]$이라 할 때 회로에 흐르는 전류 $I = 1[A]$가 되어 $V_1 = 15[V]$, $V_2 = 25[V]$, $V_3 = 60[V]$가 되고, 각 전압강하의 합 $V_1 + V_2 + V_3 = 100[V]$되어 전원전압 V와 같다.

예제 2-14

[그림 2-9]에서 R 양단의 전압 V_R의 크기와 극성을 결정하여라.

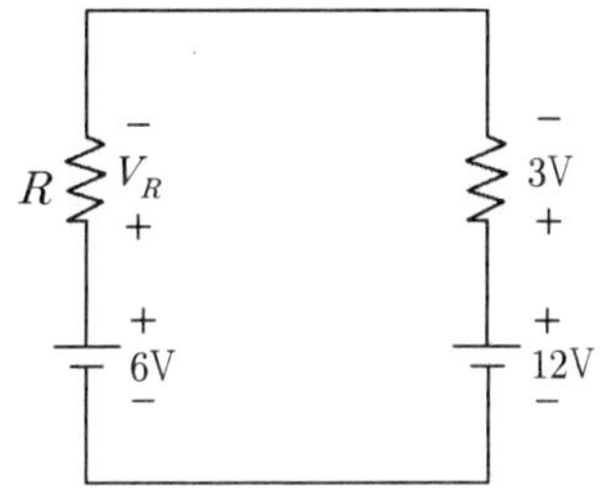

[그림 2-9]

풀이 V_R의 극성을 [그림 2-9]와 같이 가정하고 시계방향으로 일주하면서 KVL을 적용하면

$6 - V_R + 3 - 12 = 0$

$\therefore \ V_R = -\mathbf{3}$[V]

(−)부호는 실제의 R양단의 전압극성이 가정했던 것과 반대임을 뜻한다.

3 전 원

축전지 · 발전기 등과 같이 전기적 에너지를 발생시키는 장치를 전원(電源 ; electric source)이라고 배웠다. 전원에 연결되어 전기적 에너지를 소비하는 장치를 전원에 대해서 부하(負荷 ; load)라고 한다.

(1) 정전압전원

개방(open) 상태에서 단락(short) 상태에 이르는 어떠한 부하에도 불구하고 그 단자에서 일정한 전압을 발생하는 이상적인 전원을 정전압전원(constant voltage source) 또는 이상적 전압전원(ideal voltage source)이라고 한다.

정전압전원의 일반적 기호는 [그림 4-5](a)와 같다. 특히 발생되는 전압이 정현파(sine wave)와 같은 교류(交流, Alternating Current : AC)인 경우에는 [그림 2-10](b), 전압이 불변으로 직류(直流, Direct Current : DC)인 경우에는 [그림 2-10](c)와 같이 표시한다.

v, V 대신에 기전력을 나타내기 위하여 e, E를 쓸 때도 있다.

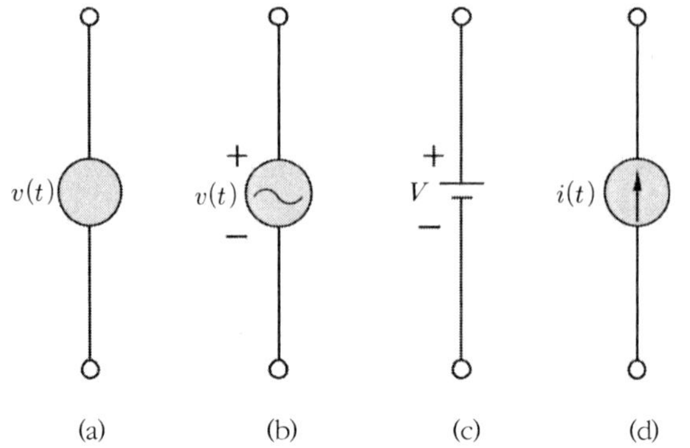

[그림 2-10] 전원의 기호

(2) 정전류전원

부하의 크기에도 불구하고 그 단자에서 일정한 전류를 발생하는 이상적인 전원을 정전류전원(constant current source) 또는 이상적 전류전원(ideal current source)이라고 한다. 정전류전원의 일반적 기호는 [그림 2-10](d)와 같다.

앞으로 특별한 조건이 제시되지 않는 한 전압전원, 전류전원 또는 전압원, 전류원이라 함은 정전압전원, 정전류전원을 말한다.

(3) 실제적 전원의 등가회로

[그림 2-11]과 같이 실제의 전원에 부하를 연결한 경우에는 그 단자전압은 개방전압보다 약간 떨어지게 된다. 이것은 전원 내부에서 전류에 의한 전압강하가 일어나기 때문이다. 이러한 전압강하를 일으키는 전원 내부의 저항성분을 내부저항(internal resistance)이라고 한다.

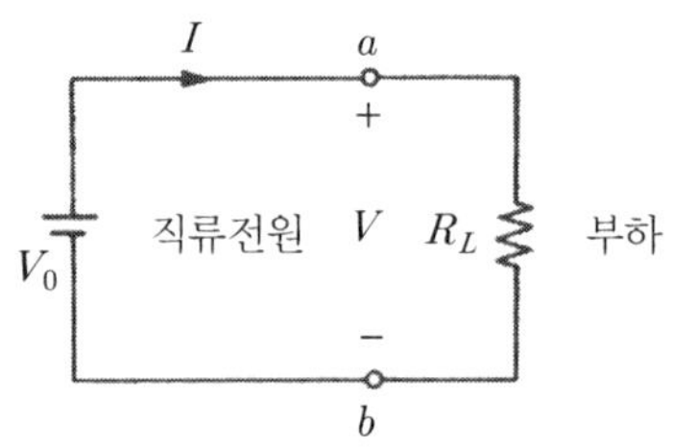

[그림 2-11] 전압원회로

전원단자의 개방전압을 V_0, 단락전류를 I_0라 하면 내부저항 R_0는

$$\boldsymbol{R_0 = \frac{V_0}{I_0}}$$

가 되고, 그 등가회로(equivalent circuit)는 [그림 2-12]와 같이 전압전원은 내부저항을 직렬로, 전류전원은 내부저항을 병렬로 연결한 것으로 나타난다.

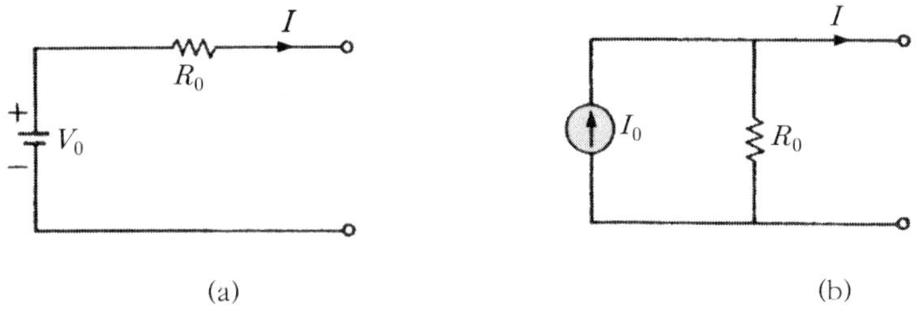

[그림 2-12] 전원의 등가회로

이 두 등가회로는 동일전원에 대한 것이므로 서로 등가이며, 단자외부에 관한 한 어느 쪽을 이용해도 좋다.

실제로 부하를 연결할 경우 부하양단의 부하전압은

$$V = V_0 - IR_0$$

위 식의 양변을 I에 관한 식으로 정리하면

$$I = \frac{V_0}{R_0} - \frac{V}{R_0} = I_0 - \frac{V}{R_0}$$

단, $I_0 = \dfrac{V_0}{R_0}$가 되어 내부저항이 존재하면 부하전압은 개방전압 V_0에서 IR_0, 부하전류는 단락전류 I_0에서 $\dfrac{V}{R_0}$만큼 떨어짐을 알 수 있다.

예제 2–15

[그림 2-13]과 같은 전압전원을 등가 전류전원으로 변환하여라.

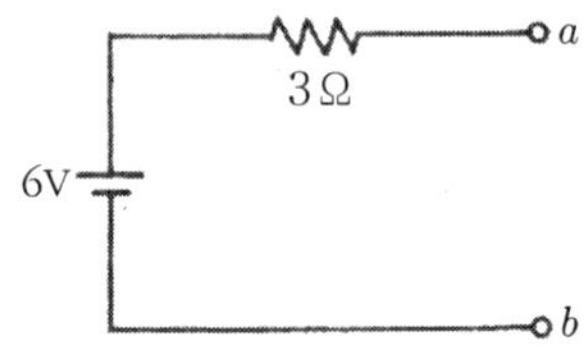

[그림 2-13]

풀이 내부저항이 3[Ω]이므로 단자 ab의 단락전류 I_0는

$$I_0 = \frac{V_0}{R_0} = \frac{6}{3} = 2[\mathrm{A}]$$

따라서 구하는 전류전원은 [그림 2-14]와 같다.

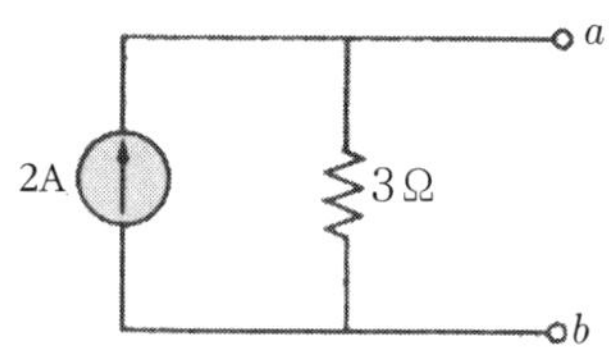

[그림 2-14]

예제 2–16

[그림 2-15]와 같은 전류전원을 등가 전압전원으로 변환하여라.

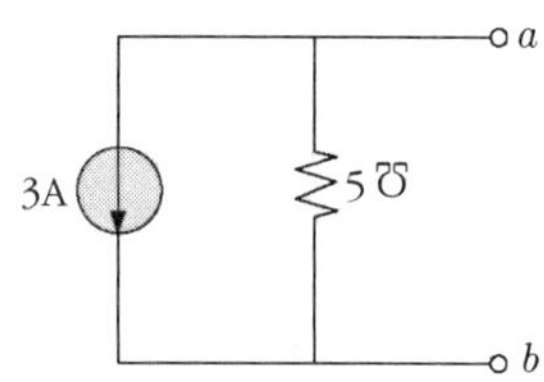

[그림 2-15]

풀이 내부 컨덕턴스가 5[V]이므로 단자 ab의 개방전압 V_0는

$$V_0 = \frac{I_0}{G_0} = \frac{3}{5}\,[\mathrm{V}]$$

따라서 구하는 전압전원은 [그림 2-16]과 같다.

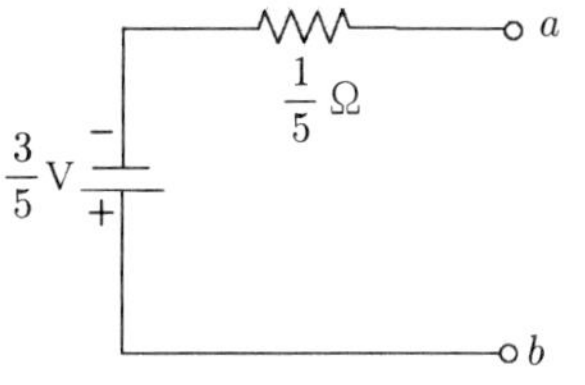

[그림 2-16]

4 직렬 · 병렬회로

(1) 직렬회로

[그림 2-17](a)와 같이 저항을 일렬로 연결하는 것을 직렬연결이라 하고, 저항과 전원 등이 직렬로 연결되어 있는 회로를 직렬회로(series circuit)라고 하는데, 각 저항에 흐르는 전류는 모두 같다.

[그림 2-17](a)와 같이 2개의 저항이 직렬로 연결된 회로에 각 저항 R_1, R_2 양단의 전압은 옴의 법칙과 키르히호프의 전압법칙을 적용하면 전원전압 V는

$$V = V_1 + V_2 = R_1 I + R_2 I = (R_1 + R_2) I$$

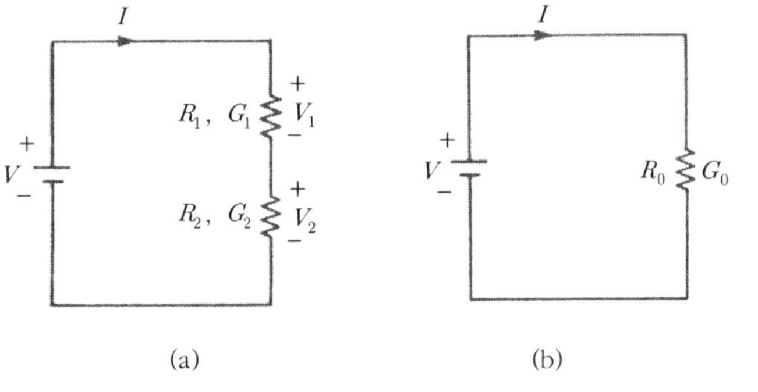

[그림 2-17] 직렬회로

또 [그림 2-17](a)의 등가회로(equivalent circuit)가 [그림 2-17](b)일 때 합성저항(combined resistance), 즉 등가저항(equivalent resistance) R_0는

$$V = R_0 I$$

$$I = \frac{V}{R_0}$$

따라서 위 두 식의 관계로부터

$$R_0 = R_1 + R_2$$

일반적으로 n개의 저항이 직렬연결된 경우의 합성저항은

$$\boldsymbol{R_0 = R_1 + R_2 + \ \ldots\ldots\ + R_n = \sum_{K=1}^{n} R_K} \tag{2-7}$$

이와 같이 저항의 직렬연결에서 합성저항은 가장 큰 저항값보다 크게 증가한다.

(2) 합성 컨덕턴스

[그림 2-17]에서 합성저항 R_0 , 합성 컨덕턴스 G_0는

$$R_0 = R_1 + R_2$$

$$\frac{1}{G_0} = \frac{1}{G_1} + \frac{1}{G_2}$$

따라서

$$G_0 = \frac{1}{\dfrac{1}{G_1} + \dfrac{1}{G_2}} = \frac{G_1 \times G_2}{G_1 + G_2}$$

일반적으로 n개의 컨덕턴스가 직렬로 연결된 경우

$$\boldsymbol{G_0 = \frac{1}{\dfrac{1}{G_1} + \dfrac{1}{G_2} + \ldots + \dfrac{1}{G_n}} = \frac{1}{\displaystyle\sum_{K=1}^{n} \frac{1}{G_K}}} \tag{2-8}$$

이와 같이 컨덕턴스의 직렬연결에서 합성 컨덕턴스는 가장 작은 컨덕턴스값보

다 작게 감소한다. 또한 [그림 2-17]에서 V와 I의 관계식은

$$V = R_0 I = \frac{I}{G_0}$$

$$I = \frac{V}{R_0} = G_0 V$$

(3) 전압분배의 법칙

각 저항에서의 전압강하는 저항에 비례한다. 예컨대 [그림 2-17](a)에서

$$I = \frac{V}{R_0} = \frac{V}{R_1 + R_2}$$

$$V_1 = IR_1 = V \times \frac{R_1}{R_1 + R_2}$$

$$V_2 = IR_2 = V \times \frac{R_2}{R_1 + R_2}$$

로서 V_1과 V_2의 크기의 분배는 R_1, R_2에 비례한다. 즉 입력전압은 각각의 저항에 비례하여 분배된다. 이것을 전압분배의 법칙(rule voltage division)이라 한다.

일반적으로 n개의 저항이 직렬연결된 경우 식 (2-9)와 같다.

$$\boldsymbol{V_K = V \times \frac{R_K}{R_1 + R_2 + \cdots + R_n} = V \times \frac{R_K}{R_0}} \tag{2-9}$$

단, $K = 1, 2, 3, \ldots, n$

예제 2-17

[그림 2-18]의 회로에서 합성저항 R_0, 전류 I 및 전압 V_1, V_2, V_3를 구하여라.

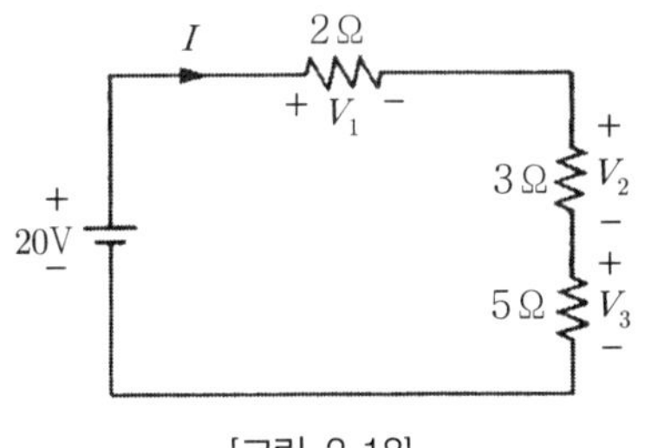

[그림 2-18]

풀이 합성저항 R_0는

$$R_0 = 2+3+5 = 10[\Omega]$$

전류 I는

$$I = \frac{V}{R} = \frac{20}{10} = \mathbf{2}[\mathrm{A}]$$

전압 V_1, V_2, V_3는

$$V_1 = 2 \times 2 = \mathbf{4}[\mathrm{V}]$$

$$V_2 = 3 \times 2 = \mathbf{6}[\mathrm{V}]$$

$$V_3 = 5 \times 2 = \mathbf{10}[\mathrm{V}]$$

예제 2-18

$R_1 = 5[\Omega]$, $R_2 = 10[\Omega]$, $R_3 = 15[\Omega]$을 직렬로 연결하고, 이것에 $V = 90[\mathrm{V}]$의 전압을 가했을 때 각 저항에 걸리는 전압 V_1, V_2, V_3를 구하여라.

풀이 전압분배의 법칙에 의해서

$$V_1 = 90 \times \frac{5}{5+10+15} = 90 \times \frac{5}{30} = \mathbf{15}[\mathrm{V}]$$

$$V_2 = 90 \times \frac{10}{30} = \mathbf{30}[\mathrm{V}]$$

$$V_3 = 90 \times \frac{15}{30} = \mathbf{45}[\mathrm{V}]$$

(4) 병렬회로

[그림 2-19](a)와 같이 저항의 양 끝을 각각 한 곳에서 연결하여 저항이 나란히 연결된 것을 병렬연결이라고 하고, 이와같이 연결된 회로를 병렬회로(parallel circuit)라 하는데 각 저항 양단의 전압은 전원전압과 같고 일정하다.

1) 합성 컨덕턴스

[그림 2-19](a)와 같이 2개의 저항이 병렬로 연결된 회로에 각 저항 R_1, R_2에 흐르는 전류는 옴의 법칙과 키르히호프의 전류법칙을 적용하면 전체전류 I는

$$I = I_1 + I_2 = G_1 V + G_2 V = (G_1 + G_2) V$$

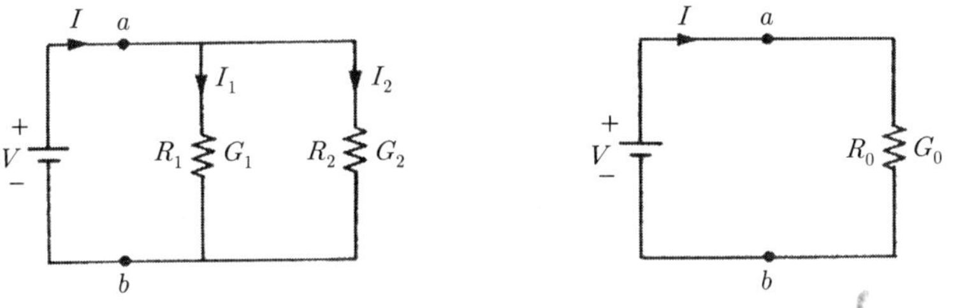

(a) (b)

[그림 2-19]

또 [그림 2-19](b)의 합성 컨덕턴스 G_0는

$$I = G_0$$

따라서 위 두 식의 관계로부터

$$G_0 = G_1 + G_2$$

일반적으로 n개의 컨덕턴스가 병렬연결된 경우의 합성 컨덕턴스는

$$G_0 = G_1 + G_2 + \ldots + G_n = \sum_{K=1}^{n} G_K \quad (2\text{-}10)$$

이와 같이 컨덕턴스의 병렬연결에서 합성 컨덕턴스는 가장 큰 컨덕턴스 값보다 크게 증가한다.

2) 합성저항

[그림 2-19]에서 합성 컨덕턴스 G_0 , 합성저항 R_0는

$$G_0 = G_1 + G_2$$

$$\frac{1}{R_0} = \frac{1}{R_1} + \frac{1}{R_2}$$

따라서

$$R_0 = \frac{1}{\dfrac{1}{R_1} + \dfrac{1}{R_2}} = \frac{R_1 \times R_2}{R_1 + R_2}$$

일반적으로 n개의 저항이 병렬로 연결된 경우

$$R_0 = \frac{1}{\frac{1}{R_1}+\frac{1}{R_2}+\dots+\frac{1}{R_n}} = \frac{1}{\sum_{K=1}^{n}\frac{1}{R_K}} \tag{2-11}$$

이와 같이 저항의 병렬연결에서 합성저항은 가장 작은 저항값보다 작게 감소한다.

3) 전류분배의 법칙

[그림 2-19](a)와 같은 병렬회로의 각 저항에 전류가 흘러들어오면 전류는 각 컨덕턴스의 크기에는 비례하고, 각 저항의 크기에는 반비례하므로

$$I_1 = I \times \frac{G_1}{G_1+G_2}, \qquad I_2 = I \times \frac{G_2}{G_1+G_2}$$

또는

$$I_1 = I \times \frac{R_2}{R_1+R_2}, \qquad I_2 = I \times \frac{R_1}{R_1+R_2}$$

로서 I_1과 I_2의 크기의 분배는 G_1, G_2에 비례한다. 즉 입력전류는 각각의 컨덕턴스에 비례하여 분배된다. 이것을 전류분배의 법칙(rule of current division)이라고 한다. 일반적으로 n개의 컨덕턴스가 병렬연결된 경우 식 (2-12)와 같다.

$$I_K = I \times \frac{G_K}{G_1+G_2+\cdots+G_n} = I \times \frac{G_K}{G_0} \tag{2-12}$$

단, $K = 1, 2, 3, \dots, n$

예제 2-19

[그림 2-20]에서 $R_1 = 10[\Omega]$, $R_2 = 20[\Omega]$, $I = 3[A]$이라면 I_1과 I_2는 각각 몇 [A]인가?

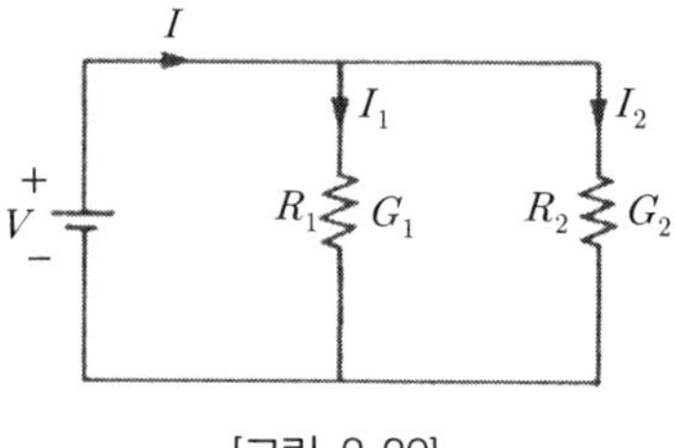

[그림 2-20]

풀이 전류분배의 법칙으로부터

$$I_1 = I \times \frac{R_2}{R_1 + R_2} = 3 \times \frac{20}{10+20} = \mathbf{2}[\mathrm{A}]$$

$$I_2 = I \times \frac{R_1}{R_1 + R_2} = 3 \times \frac{10}{10+20} = \mathbf{1}[\mathrm{A}]$$

예제 2-20

[그림 2-20]에서 2개의 저항 $R_1 = 4[\Omega]$, $R_2 = 1[\Omega]$이고 전압전원 V가 10[V]일 때 전류 I_1, I_2 및 전체전류 I를 구하여라.

풀이 $I_1 = \dfrac{V}{R_1} = \dfrac{10}{4} = \mathbf{2.5}[\mathrm{A}]$, $I_2 = \dfrac{V}{R_2} = \dfrac{10}{1} = \mathbf{10}[\mathrm{A}]$

$\therefore\ I = I_1 + I_2 = 2{,}5 + 10 = \mathbf{12.5}[\mathrm{A}]$

5 직병렬회로

한 예로서 [그림 2-21]과 같이 직렬접속과 병렬접속을 조합한 회로를 직병렬회로(series-parallel circuit)라고 한다.

[그림 2-21]의 직병렬회로에서 모든 전류, 전압의 분포를 구해보자.

먼저 합성저항 R_0는

$$R_0 = R_1 + \frac{R_2 R_3}{R_2 + R_3} = \frac{R_1 R_2 + R_2 R_3 + R_3 R_1}{R_2 + R_3}$$

다음 전체전류 I_1은

$$I_1 = \frac{V}{R_0} = V \cdot \frac{R_2 + R_3}{R_1 R_2 + R_2 R_3 + R_3 R_1}$$

또 I_2, I_3는 각각

$$I_2 = I_1 \cdot \frac{R_3}{R_2 + R_3}, \quad I_3 = I_1 - I_2$$

전압의 분포는 저항에 지로전류를 곱하여 간단히 구할 수 있다.

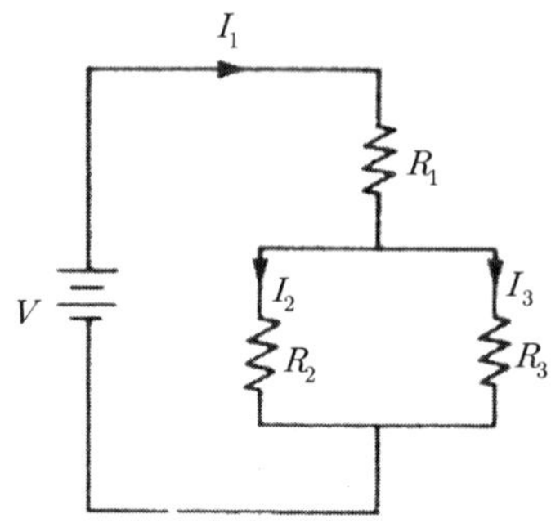

[그림 2-21]

예제 2-21

[그림 2-22]에서 전류 I_1, I_2를 구하여라.

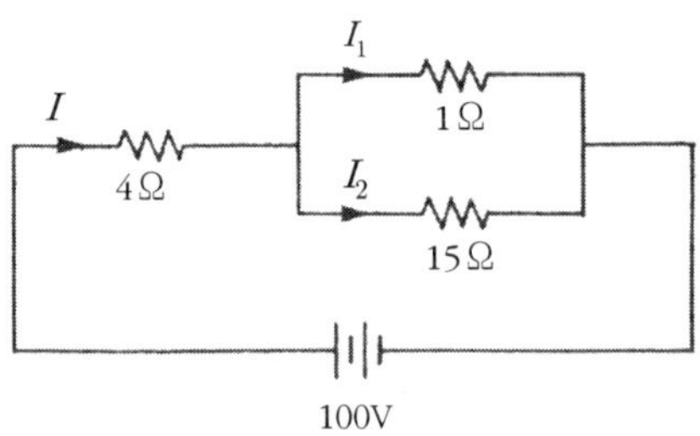

[그림 2-22]

풀이 합성저항 R_0는

$$R_0 = 4 + \frac{10 \times 15}{10+15} = 10[\Omega]$$

전체전류 I는

$$I = \frac{V}{R_0} = \frac{100}{10} = 10[A]$$

따라서 10[Ω]의 저항에 흐르는 전류 I_1은

$$I_1 = I \cdot \frac{R_2}{R_1+R_2} = 10 \times \frac{15}{10+15} = \mathbf{6}[A]$$

$$I_2 = 10 - 6 = \mathbf{4}[A]$$

2-3 | 측정기 활용을 위한 교류신호의 해석

1 정현파

시간에 따라서 크기와 극성이 주기적으로 변화하는 교류신호의 특성과 응용분야를 이해하기 위하여 교류전압·교류전류와 관련된 이론 및 용어를 중심으로 설명한다.

[그림 2-23]은 진폭과 극성이 주기적으로 변하는 교류파형을 표시하고 있다. [그림 2-23](a)에 표시된 파형은 교류전압 측정장비 중에서도 아주 중요한 장비인 오실로스코프의 스크린을 사진 촬영한 것이다.

[그림 2-23](b)에 표시된 교류 파형의 그래프는 [그림 2-23](c)에 표시된 발전기의 출력이 시간에 따라서 어떻게 변화하는지를 설명하고 있다. 교류가 많이 사용되는 이유는 바로 극성이 주기적으로 변하는 특성 때문이다.

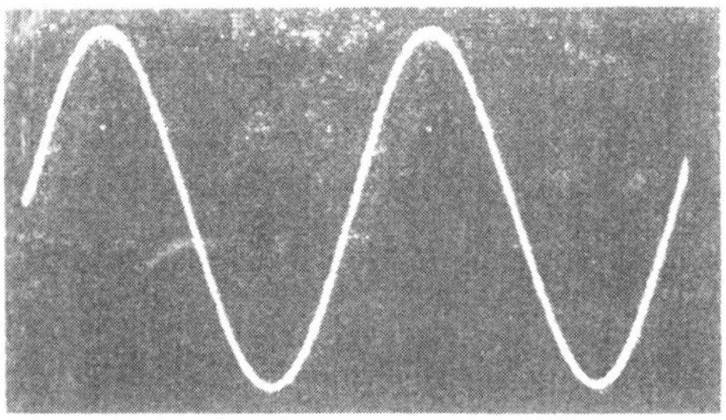

(a) 오실로스코프로 본 파형

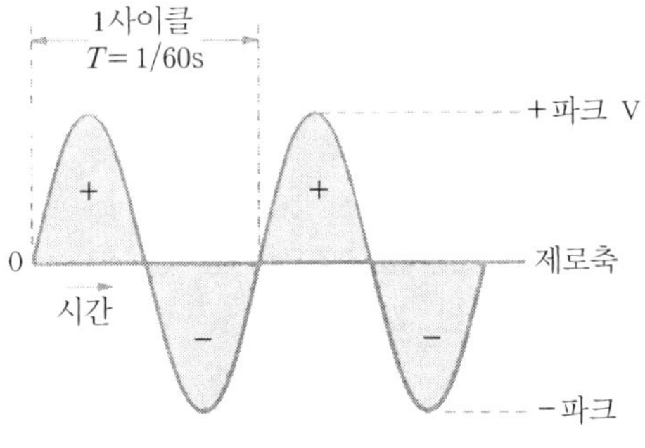

(b) 교류의 극성이 표시된 상세한 파형

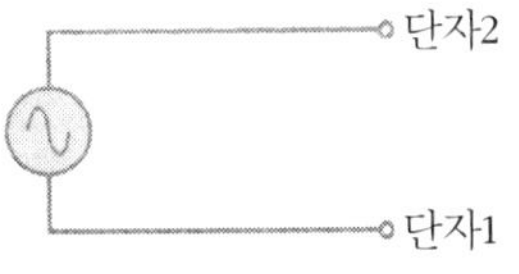

(c) 회로도

[그림 2-23] 60[Hz] 교류전력선의 파형

[그림 2-23]에 표시된 전압파형은 사인파(sine wave) 혹은 정현파(sinusoidal wave)라고 하는데, 그 이유는 유도전압의 크기가 전압을 발생시키는 원운동에서 회전의 사인각에 비례하기 때문이다.

사인은 삼각함수의 일종으로 대변/빗변으로 표시되며 90°에서 최대값 1을 갖고 0°에서 최소값 0을 가지며 대변의 길이가 커질수록 크기가 증가하게 된다.

루프의 원운동에 의해서 발생되는 전압파형은 유도전압의 크기가 루프와 수직일 때 90°에서 최대이며, 사인값도 90°에서 최대가 되기 때문에 사인파라고 한다.

따라서 유도전압의 크기는 sine각의 크기에 대응하는 값을 가지며 1사이클은 360°의 각을 갖는데 각각의 크기를 〈표 2-3〉에 비교해서 표시했다. 주의할 것은 사인파는 90°의 1/3인 30°에서 최대값의 1/2에 해당하는 값을 갖는다는 점이며, 이것은 정현파가 zero축에 가까울수록 변화값의 기울기가 최대값 근처에서 서서히 바뀔 때와 비교해서 급격하게 변화한다는 사실을 의미한다.

임의의 각에 정현파의 순시값(instantaneous value)은 식 (2-13)에 의해서 구해진다. θ는 각도를 표시하고 sin은 sine의 약자이며, v_M은 최대 전압을, v는 임의의 각도에서의 순시값을 의미한다.

$$v = v_M \sin\theta \tag{2-13}$$

〈표 2-3〉 사인값

각(θ)		사인 θ	루프 전압값
도	라디안		
0	0	0	0
30	$\pi/6$	0.500	최대값의 50%
45	$\pi/4$	0.707	최대값의 70.7%
60	$\pi/3$	0.866	최대값의 86.6%
90	$\pi/2$	1.000	+최대값
180	π	0	0
270	$3\pi/2$	−1.000	−최대값
360	2π	0	0

(1) 교류전류

교류전압의 사인파가 부하저항 양단에 연결되면 회로에 흐르는 전류도 사인파이다. [그림 2-24](a)에 표시된 정현파가 [그림 2-24](b)에 표시된 것처럼 10[Ω]의 저항에 연결되었다고 가정하면 회로에 흐르는 전류의 파형은 [그림 2-24](c)에 표시된 것과 같이 +1A와 −1A의 피크값을 갖는 정현파가 된다. 이때 v와 i의 주파수는 같다. 교류회로에서도 전류의 세기는 $I = \frac{V}{R}$ 공식에 의해서 구해진다.

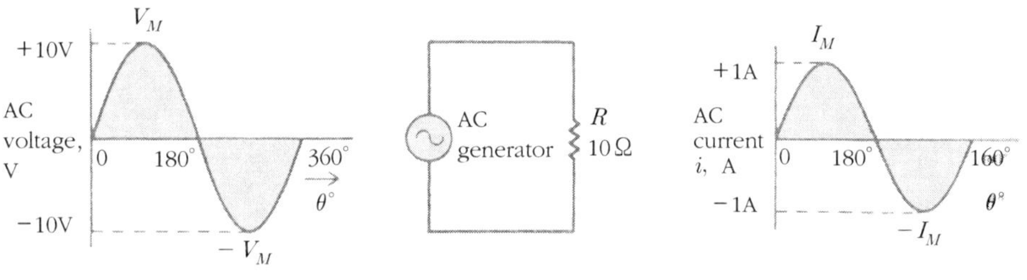

(a) 교류전압 파형 (b) 교류회로 (c) 교류전류 파형

[그림 2-24] 교류전압 파형과 교류전류 파형

교류정현파의 전압값과 전류값은 사이클 내의 여러 가지 순시값을 갖기 때문에 어떤 특정한 파형의 크기와 비교해서 표시하는 것이 편리하다. 따라서 피크(peak)값, 평균값(average value), rms값(root-mean-square) 등으로 표시되는데 rms값은 보통 실효값이라고 하며, 피크값은 최대값이라고 한다.

(2) 피크값

최대값(피크값)은 V_M 혹은 I_M으로 표시되는데 정현파의 최대 진폭의 크기를 표시한다. 피크값은 +피크와 −피크가 있으며, +피크와 −피크 사이의 크기를 peak to peak 값이라고 표시하며 보통 p-p로 표시하게 된다. 가령 170V의 크기를 갖는 정현파의 V_{peak}는 170[V]이고, $-V_{peak}$는 −170[V]이다.

따라서 $V_{peak-peak}$는 170V−(−170V)=340V의 크기로 피크값의 2배에 해당하는 크기를 가지며, +피크와 −피크는 서로 대칭값을 가지며 동시에 두 개의 피크값이 존재하지 않고 반드시 1/2주기로 번갈아서 나타난다.

특히 주의할 것은 모든 파형에서 V_{peak}와 $-V_{peak}$가 서로 같지 않다는 사실이다.

(3) 평균값

평균값은 정현파에서 한 번의 교번이나 1/2 사이클 사이의 모든 순시값을 수학적으로 평균한 크기로, 1/2 사이클만을 평균하는 이유는 1 사이클을 평균하면 평균값이 0이 되기 때문이다. 0°에서 180°까지의 sine값을 더해서 180°로 나누면 평균값은 0.637배가 된다.

V_{peak}가 170[V]라고 가정한다면 이 파형의 평균값은 약 108[V]가 된다.

$$\text{평균값} = 0.637 \times V_{peak} \tag{2-14}$$

(4) 실효값

정현파의 전압이나 전류의 양을 가장 일반적으로 표시하는 것은 45°에서의 값인 피크값의 70.7[%] 값으로 표시하는 것인데 이 값을 rms값(실효값)이라고 하며 식 (2-15)처럼 표시한다.

$$\text{실효값} = 0.707 \times V_{peak}(I_{peak}) \tag{2-15}$$

따라서

$$V_{rms} = 0.707 V_{max}, \quad I_{rms} = 0.707 I_{max}$$

로 표시할 수 있으며 V_{peak}가 170[V]라면 실효값은 120[V]가 된다. 120[V]는 상업용 교류전력선의 크기이며 이때 표시된 크기가 실효값이며 실효값과 피크값의 변환은 식 (2-15)를 식 (2-16)처럼 변환시키면 된다.

$$\text{피크값} = \frac{1}{0.707} \times \text{실효값} = 1.414 \times \text{실효값} \tag{2-16}$$

2 주파수와 위상

1초당 사이클의 숫자를 주파수라고 하고, f로 표시한다. 1 사이클에 해당하는 시간을 주기라고 하며 T로 표시한다. 60[Hz]의 주파수를 갖는다면 1주기는 1/60초이고 주기와 주파수는 식 (2-17)처럼 표시할 수 있다.

$$T=\frac{1}{f},\quad f=\frac{1}{T} \tag{2-17}$$

[그림 2-25]에 표시된 것처럼 단위시간당 사이클의 숫자가 많은 것은 주파수가 높다는 것을 의미하며 반대로 사이클과 사이클 사이의 시간은 짧아지는 것을 알 수 있다.

[그림 2-25](a)에 표시된 정현파는 1초 동안에 1사이클이 완성되고, [그림 2-25](b)에 표시된 정현파는 1초 동안에 2사이클을 완성하고 있으므로 [그림 2-25](b)의 주파수가 [그림 2-25](a)의 주파수보다 2배나 빠르다는 것을 알 수 있다. 그러나 주파수는 다르지만 두 파형 모두가 정현파임을 알 수 있다.

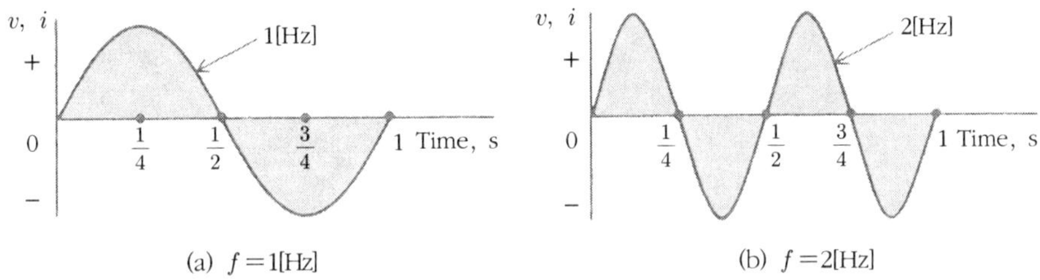

[그림 2-25] 주파수의 비교

주파수의 단위는 헤르쯔(Hz)를 사용하며 1초당 사이클수를 표시한다. 60cps=60[Hz]이고, 다음과 같은 변환단위를 사용하게 된다.

1 kilo cycle per second $=1\times10^3$[Hz]$=$1[kHz]

1 Mega cycle per second $=1\times10^6$[Hz]$=$1[MHz]

1 Giga cycle per second $=1\times10^9$[Hz]$=$1[GHz]

주기의 기본단위는 초(second)이고 주파수가 높아지면 주기가 짧아지므로 다음과 같은 변환식을 사용한다.

$T=1$ milli second $=$1[ms]$=1\times10^{-3}$s

$T=1$ micro second $=$1[μs]$=1\times10^{-6}$s

$T=1$ nano second $=$1[ns]$=1\times10^{-9}$s

주기는 주파수의 역수이므로 주파수가 [kHz] 단위이면 주기는 [ms]가 되고, 주파수가 [MHz] 단위이면 주기는 [μs]가 되며, 주파수가 [GHz] 단위이면 주기는 [ns] 단위를 갖는다.

(1) AF와 RF

1[Hz]에서 수 [MHz] 사이의 교류전압과 전류의 모든 주파수는 두 가지 종류로 구분되는데 하나는 AF(Audio Frequencies)이고 나머지 하나는 RF(Radio Frequencies)이다.

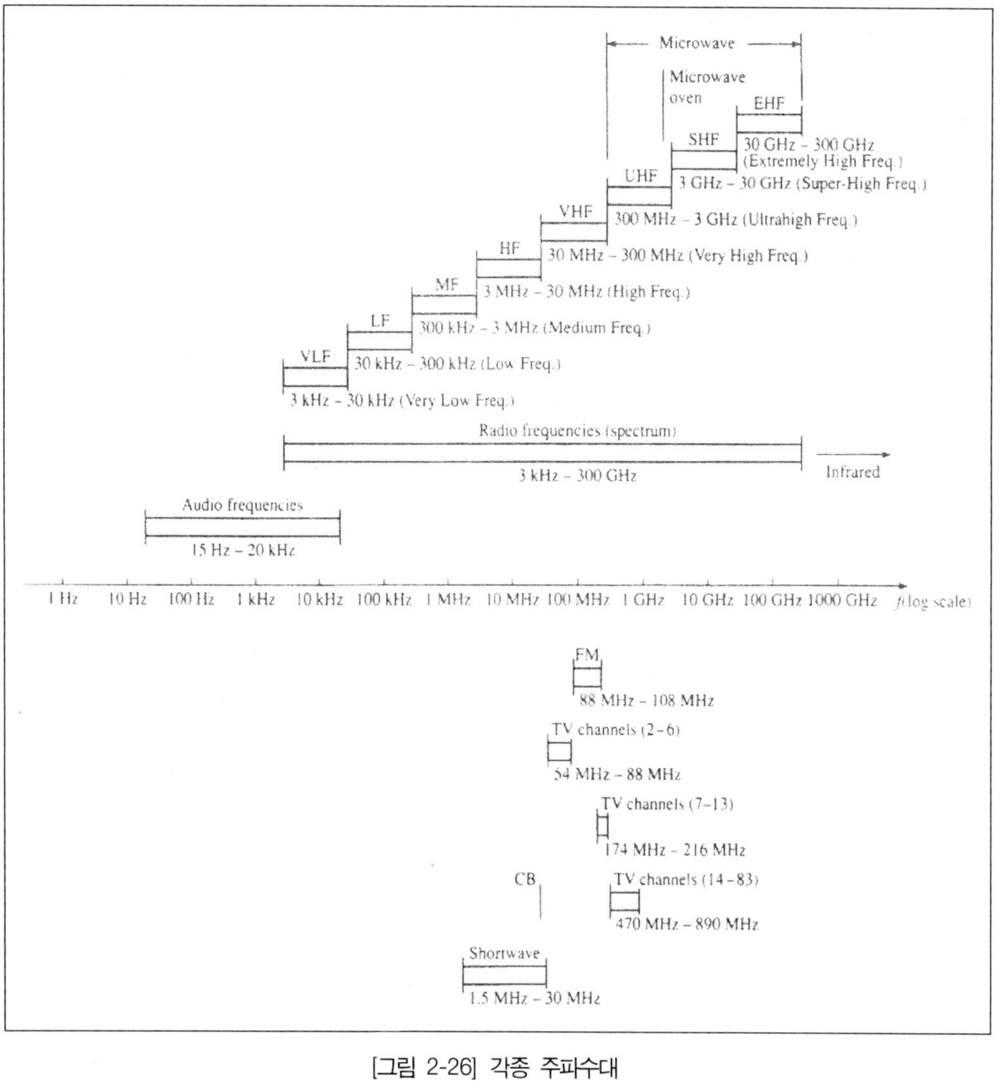

[그림 2-26] 각종 주파수대

Audio는 라틴어로 듣는다라는 의미로 audio 범위는 사람의 귀로 소리를 감지할 수 있는 주파수대를 의미하며 대략 16[Hz]~16,000[Hz] 사이의 주파수를 말한다.

주파수가 높아지면 소리의 tone이나 pitch가 높아지는데 3000[Hz] 이상의 높은 가청주파수에서는 떨리는 소리를 듣게 되며 300[Hz] 정도의 낮은 주파수에서는 bass tone을 갖게 된다.

그러나 소리의 크기는 진폭에 의해서 결정되어지며 진폭이 커질수록 소리가 커지게 된다. 가청범위 이상의 교류전류와 교류전압은 RF 주파수 영역을 갖게 되며, 전자기 라디오파를 발생시켜서 고주파의 전기적 변환을 전송시킬 수 있다. [그림 2-26]에는 여러 가지 주파수대에 해당하는 파들을 표시했다.

주기의 변화를 거리에 대해서 생각할 때 [그림 2-27]에 표시한 것처럼 1사이클에 포함되는 거리를 파장이라고 하고 λ로 표시한다.

라디오파는 전자기장에서의 진동이 공간을 통해서 이동되기 때문에 전송되는데 음파는 음파에 대응하는 공기압의 변화량이 공기를 통해서 이동한다. 이런 경우 1사이클에서 파가 이동한 거리를 파장이라고 하며 파장은 주파수와 진공속도에 의해서 결정된다.

$$\lambda = \frac{\text{속도}}{\text{주파수}} \tag{2-18}$$

여기서 λ는 파장의 기호이다. 전자기 라디오파의 속도는 진공이나 공기 중에서 3×10^8[m/s]의 크기를 갖는다. 따라서 파장은 식 (2-19)에 의해서 쉽게 구할 수 있다.

$$\lambda[\text{m}] = \frac{3\times10^8[\text{m/s}]}{f[\text{Hz}]} \tag{2-19}$$

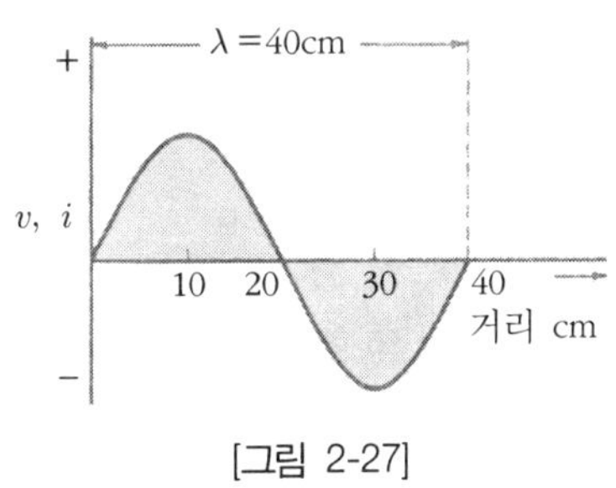

[그림 2-27]

주파수가 높아질수록 λ의 길이는 짧아진다.

(2) 위상각

[그림 2-28]에 표시된 두 개의 정현파에서 사인파 A는 0점에서 출발한 정현파이고, 코사인파 B는 최대점에서 출발한 정현파로 사인파 A는 자신의 사이클을 zero에서 끝내게 되지만 코사인파 B는 자신의 사이클을 최대점에서 끝내게 된다.

이때 코사인파 B는 사인파 A보다 90°의 각도인 1/4 회전 앞섰다고 이야기하고 코사인파 B와 사인파 A 사이의 각도 90°를 위상각이라고 한다.

코사인파 B와 사인파 A는 90°의 위상각을 주파수가 변하지 않는 한 계속 유지하게 되며 코사인파 B에서 보면 사인파 A는 항상 90°뒤지게 된다.

예를 들면 사인파 A는 180°에서 zero이고 270°에서 $-V_p$를 갖기 때문이다. 두 파의 위상각을 비교하기 위해서는 두 파의 주파수가 같아야 한다. 만약 주파수가 서로 다르다면 상대적인 위상이 계속 변하게 된다.

정현파의 진동은 시간단위의 각도에 의해서 측정되어지는 유일한 파형이기 때문에 많이 사용되며 경우에 따라서 진폭은 달라질 수 있다. 여하튼 두 전압의 두 전류 혹은 전압과 전류의 위상각을 비교할 수 있다.

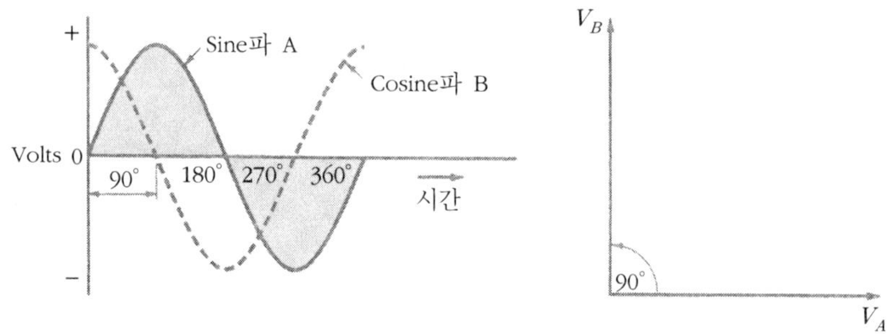

(a) 코사인파 B가 사인파 A 보다 90°앞섬　　(b) 위상도

[그림 2-28] 90°위상각을 갖는 두 정현파

(3) 위상도

교류전류와 교류전압의 위상을 비교하기 위해서는 [그림 2-28](b)에 표시한 것과 같은 전압파형과 전류파형에 대응되는 위상도를 사용하는 것이 편리하다. 화살표는 발생되는 전압의 크기에 해당하는 페이저 크기를 표시한다.

페이저는 크기와 방향을 갖는 물리량으로 화살표가 표시하는 길이는 교류전압의 크기를 표시하며 페이저는 교류값, 피크값, rms값 등을 표시하는데 사용되며 수평축에 대한 화살표의 각도가 위상각을 표시하게 된다.

페이저와 벡터는 어떤 값을 완전하게 표시하기 위해서 필요한 각도와 방향을 갖는 물리량이다. 그렇지만 벡터량은 공간에서 방향을 갖는 반면 페이저는 시간에 따라서 변하는 물리량이다.

예를 들면 벡터는 수평축이든 수직축이든간에 정해진 각도에서의 벡터 화살표에 의한 기계적인 힘을 표시하는데 비해서 페이저의 화살표는 시간차에 해당하는 각도를 표시하는데 사용된다.

한 개의 정현파가 기준으로 선택되면 또 다른 정현파 시간의 변화는 페이저의 화살표 사이의 각도에 의해서 기준으로 선정된 정현파와의 차이를 측정하게 된다.

페이저는 전압의 전체 사이클에 해당되지만 오직 한 개의 각도로 표시된다. 다시 말하면 완전한 사이클이 사인파로 알려져 있기 때문에 출발점의 각도로 표시하게 된다.

전체 사이클에 대한 여분의 상세한 설명없이 위상각을 비교하기 쉽게 간단한 형태로서 교류전압이나 전류를 표시하게 된다.

[그림 2-28](b)에서 페이저 V_A는 A파를 표시한 것으로 위상각은 0°이고, 이런 위상각은 로터리 발전기가 출력전압이 0인 시작점에서 출발한다는 것을 의미하고, 페이저 V_B는 자신의 위상각이 90°이기 때문에 처음 출발이 수직축에서 시작하고 있음을 의미하게 된다.

두 페이저 사이의 각을 위상각이라고 하며 보통 θ(theta)로 표시하는데 [그림 2-28]에서의 위상각 θ는 90°이다.

(4) 위상각 기준

임의의 파를 표시하는 위상각은 기준으로 사용되는 다른 파에 대해서만 설명되어질 수 있는데, 어떤 위상이 기준으로 선택되는가에 따라서 위상각을 표시하기 위해서 그려지는 페이저가 달라진다. 일반적으로 기준 페이저는 0°에 해당하는 수평축을 사용한다.

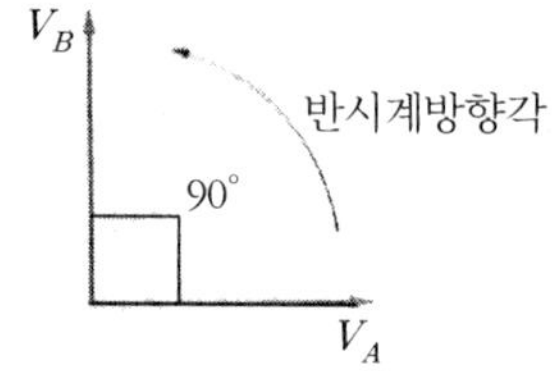

(a) V_A 페이저가 수평 기준일 때 V_B 페이저가 90° 앞선다.

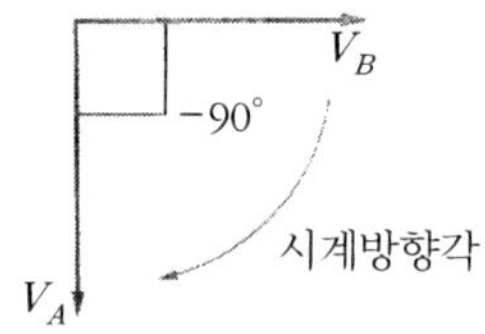

(b) V_B 페이저가 수평 기준일 때 페이저 V_A는 −90° 만큼 늦는다.

[그림 2-29] 90°의 진상각과 지상각

[그림 2-29]에는 두 가지 표시 방법이 설명되어 있는데 [그림 2-29](a)는 전압파형 A, 혹은 자신의 페이저 V_A가 기준이 되고, 페이저 V_B가 반시계 방향으로 90° 만큼 표시되어 있다. 이 방법은 표준 사용법으로 반시계 방향의 회전은 (+)방향의 각도를 표시하게 된다.

또한 앞선(leading) 각도가 (+)이다. 이런 경우 기준 페이저인 V_A와 V_B 페이저가 반시계 방향으로 90°각도를 유지하고 있으므로 B파가 A파보다 90° 앞서 있다는 것을 나타내게 된다.

여하튼 B파는 [그림 2-29](b)에 표시된 것처럼 기준 페이저로도 사용할 수 있는데 똑같은 위상각을 유지하기 위해서는 페이저 V_A가 시계방향으로 90°회전해야 하며 시계방향의 회전은 (−)각도를 의미하게 된다.

따라서 (−)각도는 뒤지는(lagging) 각도를 표시하기 때문에 V_A 페이저는 V_B 페이저보다 −90°뒤져 있음을 나타내게 된다. 따라서 기준은 위상각이 진상(leading)각이냐 아니면 지상(lagging)각이냐를 결정하게 된다. 그러나 위상은 실제로 표시하는 방법에 달라지지는 않는다.

[그림 2-29]에서 V_A와 V_B는 90°의 위상차를 갖는데 V_B가 V_A보다 90°앞선다고 말하거나 V_A는 V_B보다 −90°뒤져 있다고 말할 수 있다. 두 파형과 그들에 해당하는 페이저는 90°보다 크든 작든간에 각도에 의해서 위상차를 표시할 수 있다. 예를 들면 [그림 2-30]에 표시된 위상도에서는 60°의 위상차가 있음을 표시하고 있다. [그림 2-30](a)의 파형을 보면 D파는 C파보다 60°만큼 뒤에 있게 되는데 [그림 2-30](b)의 페이저도에서 −60°만큼 뒤져 있음을 알 수 있다.

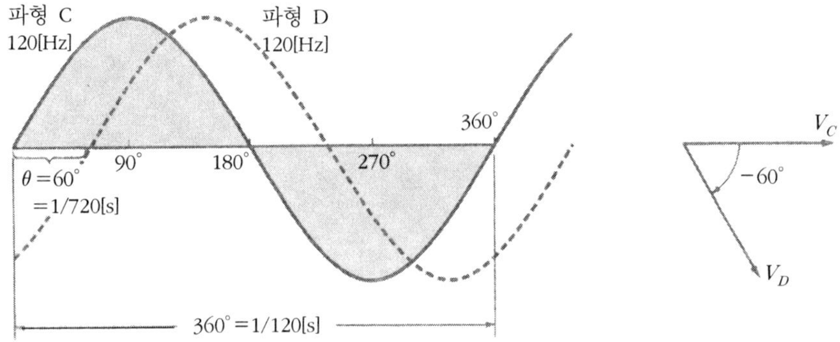

(a) 파형 (b) 페이저도

[그림 2-30] 위상각 차이가 60°인 두 파형 60°의 위상각은 1/6 사이클(60/360)에 해당한다.

(5) 동위상파형과 역위상파형

[그림 2-31]에 표시한 것처럼 위상차가 0°인 두 파형은 동위상 파형이라고 하며, 두 파형을 더한 크기는 각 파형의 크기를 더하면 된다.

[그림 2-32]에 표시한 것처럼 180°의 위상차를 갖는 두 파형은 역위상 파형이라고 하며, 두 파형을 더한 크기는 서로의 파형 크기의 차와 같다.

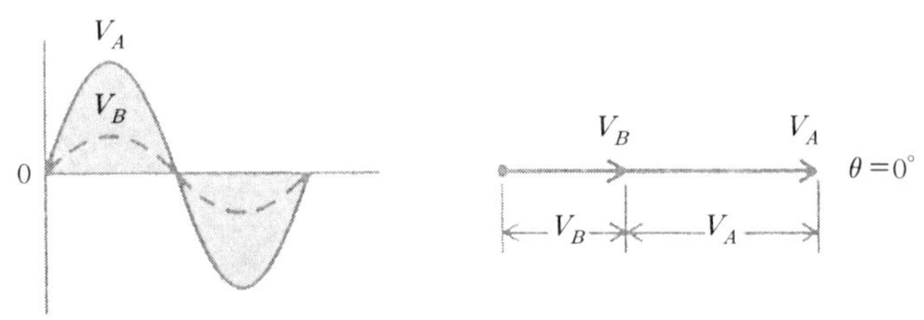

(a) 파형 (b) 페이저도

[그림 2-31] 위상차가 0°인 동위상파형

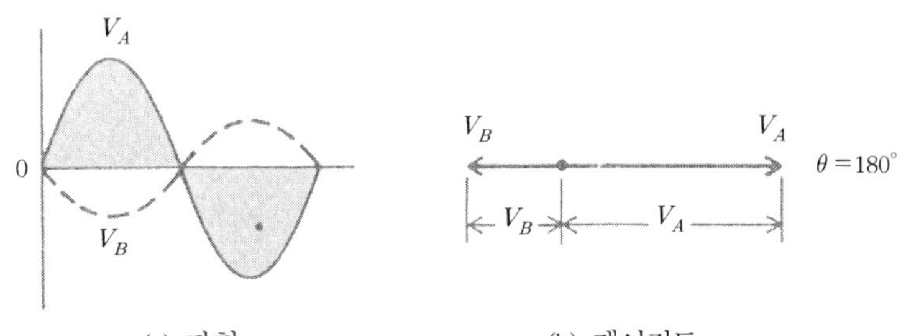

(a) 파형 (b) 페이저도

[그림 2-32] 위상차가 180°인 역위상파형

(6) 저항을 갖는 교류회로

교류회로에는 교류전원이 사용된다. [그림 2-33](a)에는 정현파 교류가 기호로 표시된 110[V]의 교류전원이 연결되어 있다. 이때 [그림 2-33](b)에 표시된 것처럼 동위상과 동일한 주파수를 갖는 교류전류가 부하에 흐르게 된다.

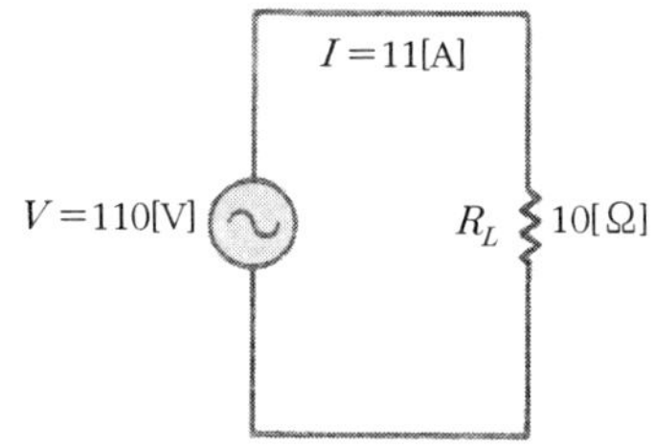

(a) 회로도

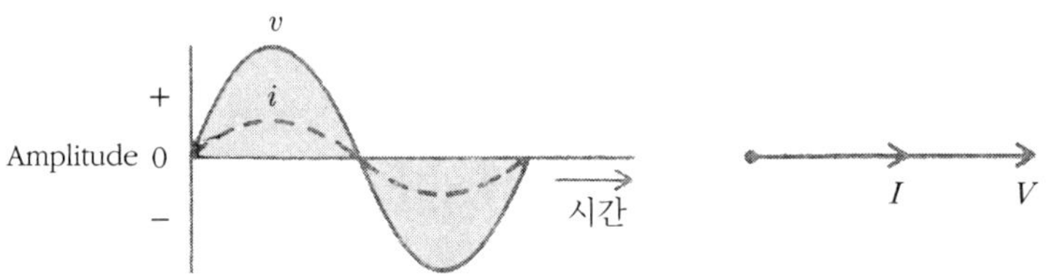

(b) V와 I 파형 (c) 동위상을 갖는 I와 V의 페이저도

[그림 2-33] R이 연결된 회로

(7) 비정현파 교류파형

[그림 2-34]에 구형파(square wave)와 톱니파(sawtooth wave)를 표시했다. 전압이든 전류이든간에 비정현파형은 고려해야 될 중요한 차이점과 유사점이 있는데 사인파와의 비교를 다음에 설명했다.

① 모든 경우에서 사이클은 동일한 진폭을 갖고 같은 방향으로 변화하는 두 점 사이에서 측정해야 한다. 주기는 1사이클에 해당하는 시간이다. [그림 2-34]에서 모든 파형의 주기 T는 10[μs]이고 주파수는 $1/T$이기 때문에 0.1[MHz]이다.

② 최대 진폭은 zero축에서부터 최대 (+)값이나 최대 (−)값을 측정하면 된다. 피크-피크 진폭은 비정현 파형인 경우 측정이 용이한데 그 이유가 비정현 파형은 [그림 2-34](d)에 표시한 것처럼 비대칭인 피크값을 갖기 때문이다. [그림 2-34]에서 표시된 모든 파형의 피크-피크값은 20[V]이다.

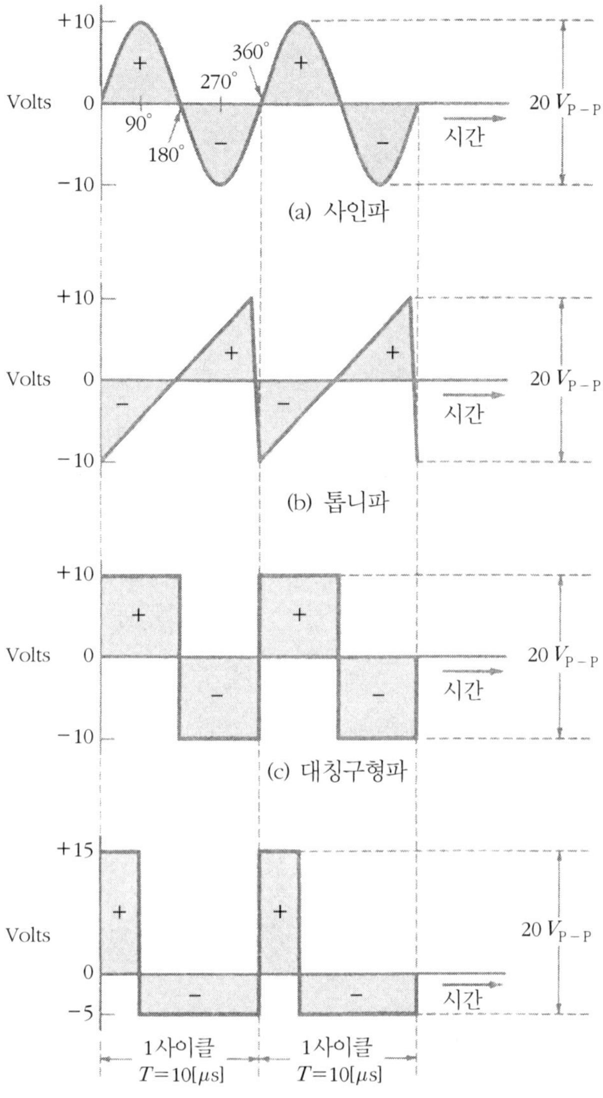

(d) 비대칭 직각파 혹은 펄스파

[그림 2-34] 정현파와 비정현파의 비교

③ 오직 정현파의 실효값만 0.707[V]로 표시할 수 있는데 0.707은 오직 정현파에서만 사용되는 각 측정의 사인값에 의해서 유도되기 때문이다.

④ 위상각은 오직 사인파에서만 적용되는데 그 이유가 각 측정은 정현파에서만 가능하기 때문이다. 중요한 것은 수평축이 [그림 2-34](a)에 표시한 것처럼 시간의 축이기 때문에 각도에 따라서 분류될 수 있지만 비정현파에서는 각

도 표시가 없다는 점이다.

⑤ 모든 파형은 교류전압을 표시하며 (+)값은 zero축 위쪽에, (+)값은 zero축 아래쪽에 표시된다.

[그림 2-34](b)에 표시된 톱니파는 최대값을 가질 때까지는 천천히 증가하며 초기값까지는 급격히 감소하게 된다. 이런 파형을 보통 사다리 전압(ramp voltage)이라고 하며, 일정한 변화율을 갖기 때문에 시간 함수(time base)로 사용되기도 한다.

주의할 점은 1사이클 속에는 전압의 느린 상승과 빠른 하강이 동시에 존재한다는 것이다. 이 예에서도 1사이클의 주기 T는 10[μs]이다.

따라서 이런 톱니파 사이클은 0.1[MHz]의 주파수에서 반복되며 전압이나 전류의 톱니파형은 오실로스코프와 TV 수상기의 음극선관(CRT : Cathode-Ray- Tube)에서 전자빔의 수평편향(horizontal deflection)에 사용된다.

[그림 2-34](c)에 표시된 구형파는 스위칭 전압을 표시한다. 처음 10[V] 피크는 순간적으로 (+)극성을 인가하고 이 전압은 1/2 사이클인 5[μs] 동안 유지되고 다시 전압이 순간적으로 0[V]까지 감소하고 (−)극성이 나머지 1/2사이클 동안 유지된다. 따라서 1사이클의 주기는 10[μs]이고 역시 0.1[MHz]의 주파수를 갖게 된다.

[그림 2-34](d)에 표시된 직각파형(rectangula wave shape)도 1/2사이클씩 (+)극성과 (−)극성이 유지되지만 비대칭이다. 그러나 주파수는 역시 0.1[MHz]이고 피크-피크값도 20[V]로 다른 모든 파형과 일치한다.

3 오실로스코프 관측파형의 주파수, 위상 측정방법

오실로스코프를 사용하면 측정파형의 첨두값, 진폭을 쉽게 측정할 수 있다. [그림 2-35]는 진폭과 주기가 서로 다른 2개의 파형을 나타낸다. 파형 A는 그래티클에서 4.6vertical DIV를 점유하는 피크-피크 진폭을 갖는 반면 파형 B는 2vertical DIV를 갖는다.

파형의 진폭을 측정하기 전에 VOLTS/DIV 제어에서의 중간 vernier 노브가 CAL 위치에 있는지를 검사하는 것이 중요하다. VOLTS/DIV 제어가 100[mV]에 있다면 각 파형의 피크-피크 전압은 460[mV]와 200[mV]가 된다. 즉,

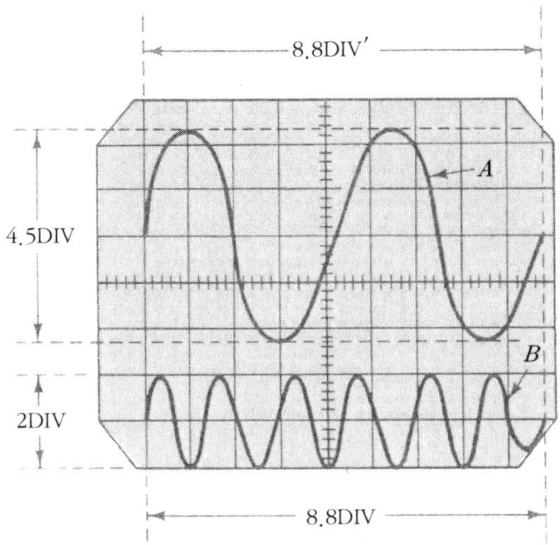

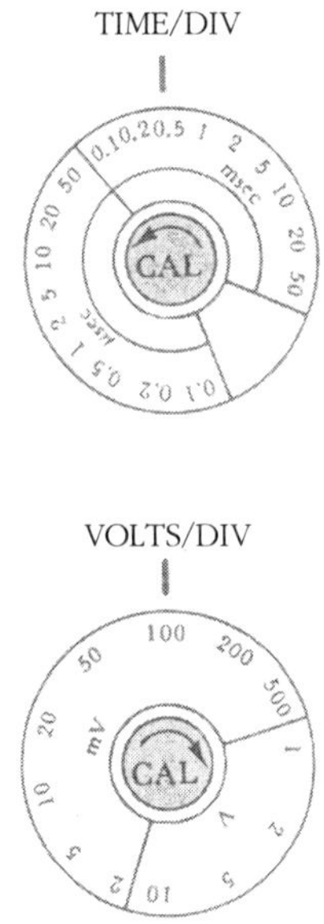

$V_A = (4.5\ \text{DIV}) \times 100[\text{mV/DIV}]$

$V_B = (2\ \text{DIV}) \times 100[\text{mV/DIV}]$

$2T_A = (8.8\ \text{DIV}) \times 0.5[\text{ms/DIV}]$

$6T_B = (8.8\ \text{DIV}) \times 0.5[\text{ms/DIV}]$

[그림 2-35] 정현파의 시간주기와 피크-피크 전압측정

$$\text{파형 } A : V = (4.6\text{divisions}) \times 100[\text{mV}] = 460[\text{mV}]$$

$$\text{파형 } B : V = (2\text{divisions}) \times 100[\text{mV}] = 200[\text{mV}]$$

만약 [그림 2-35]에 표시된 파형들이 증폭기의 출력이라면 그들은 교류성분은 물론 직류성분을 포함하고 있을 수 있다. 파형 A의 직류성분이 10[V]라면 100 divsion의 편향을 발생시킨다.

$$10[\text{V}]/100[\text{mV}] = 100\text{division}$$

만약 오실로스코프가 직류로 결합된다면 파형은 스크린의 오른쪽으로 사라지고 스크린에는 교류성분만 나타난다. TIME/DIV 제어의 setting에 의해서 곱해지고 수평 division의 1사이클에 의해서 측정되는 정현파의 시간주기는 다음과 같이 나타낼 수 있다.

$$T = (\text{Horizontial divisions/cycle}) \times (\text{TIME/DIV})$$

주파수는 시간주기의 역수로 구해진다. 파형의 시간주기를 측정할 때에도 TIME/DIV의 vernier 노브가 CAL에 놓여 있는가를 우선 확인해야 한다. [그림 2-35]에 표시된 각 파형의 시간주기와 주파수를 구하면 다음과 같다.

$$\text{파형 } A : T = \frac{(8.8\text{divisions}) \times 0.5[\text{ms}]}{2\text{cycle}} = 2.2[\text{ms}]$$

$$f = 1/(2.2[\text{ms}]) \simeq 455[\text{Hz}]$$

$$\text{파형 } B : T = \frac{(8.8\text{divisions}) \times 0.5[\text{ms}]}{6\text{cycle}} = 0.73[\text{ms}]$$

$$f = 1/(0.73[\text{ms}]) \simeq 1.36[\text{kHz}]$$

두 파형의 위상차는 [그림 2-36]에 표시된 것과 같이 구할 수 있다. 두 파형은 각각 8horizontal division을 가지며 각 사이클 사이의 시간은 1.4division이다.

1사이클은 360°이므로 8DIV=360°이다.

$$1[\text{DIV}] = \frac{360}{8} = 45°$$

위상차는 63°이다.

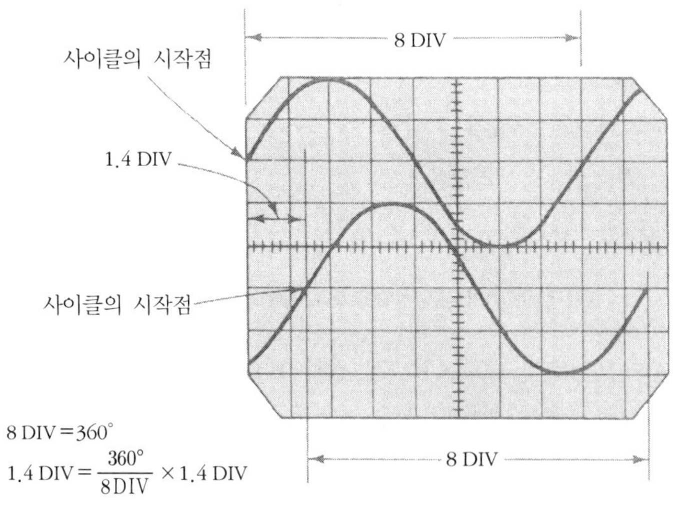

[그림 2-36] 두 정현파 사이의 위상차 측정

(1) 펄스 측정

[그림 2-37]에는 두 가지 펄스 파형이 표시되어 있다. 두 파형 중 위쪽의 파형은 고정된 leading 에지와 lagging 에지를 가지며 아래쪽의 파형은 상승시간 t_r과 하강시간 t_f를 갖는다.

만약 위쪽의 파형이 입력이라면 아래쪽 파형은 출력이다. 이런 경우에는 지연시간 t_d도 발생된다. 펄스의 상승시간은 펄스 진폭의 10[%]에서 90[%]로 되는데 필요한 시간이고, 하강시간은 펄스가 자신의 진폭의 90[%]에서 10[%]로 되는데 필요한 시간이다.

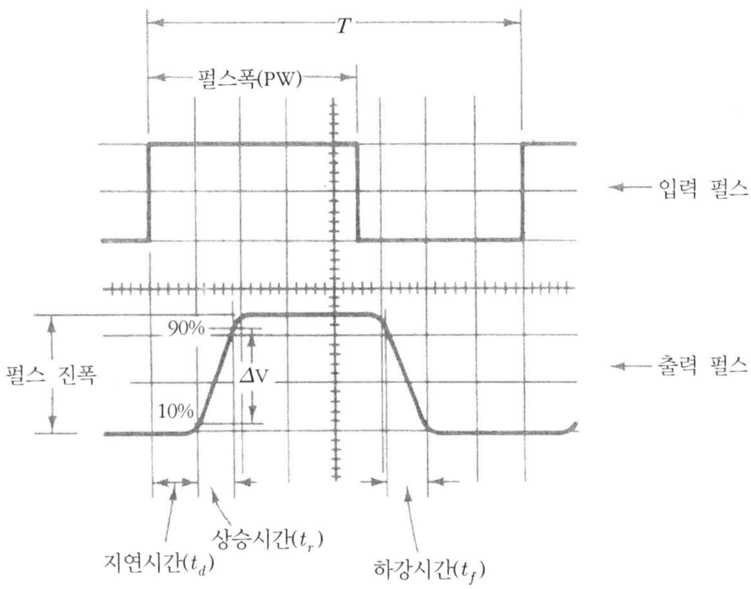

[그림 2-37] 펄스 진폭, 주기, 상승시간, 하강시간 측정

지연시간은 입력 펄스의 시작점으로부터 출력 펄스가 자신의 진폭의 10[%]되는 점으로 되는데 경과하는 시간을 의미한다. 만약 TIME/DIV 제어가 1[μs]라면 [그림 2-37]에서의 지연시간과 상승시간, 하강시간은 다음과 같다.

$$t_d = 1[\mathrm{DIV}] \times 1[\mu\mathrm{s}] = 1[\mu\mathrm{s}]$$

$$t_r \simeq 0.7[\mathrm{DIV}] \times 1[\mu\mathrm{s}] = 0.7[\mu\mathrm{s}]$$

$$t_f \simeq 0.9[\mathrm{DIV}] \times 1[\mu\mathrm{s}] = 0.9[\mu\mathrm{s}]$$

[그림 2-37]에 표시된 파형 중 위쪽에 표시된 파형의 펄스폭 PW와 시간주기 T는 다음과 같이 구해진다.

$$\mathrm{PW} \simeq 4.5[\mu\mathrm{s}],\ T = 8[\mu\mathrm{s}],\ f = 1/8[\mu\mathrm{s}] = 125[\mathrm{kHz}]$$

[그림 2-37]의 파형을 측정하는데 있어서 이해해야 할 중요한 용어는 slew rate 라고 하는데 이것은 연산증폭기의 주파수 응답을 설명하는데 사용된다. 이러한 수율은 펄스 형태의 입력이 증폭기에 인가되었을 때 증폭기 출력이 얼마나 빨리 변화되는가를 나타내는 것으로 정의된다.

이러한 변화율(또는 수율)은 보통 전압변화/시간으로 나타내며 [V/μs] 단위를 사용한다.

[그림 2-37]에서 아래쪽의 파형을 기준으로 사용한다면 상승시간 동안의 전압변화는 $\Delta V = 2$ 수직 DIV이다. TIME/DIV 제어가 1[μs]라면 상승시간은 약 0.7[μs]이다.

만약 VOLTS/DIV가 1[V]이고 $\Delta V = 2$[V]라면 수율은 2.9[V/μs]가 된다.

$$\text{slew rate} = \frac{\Delta V}{t_r} = \frac{2[\mathrm{V}]}{0.7[\mu\mathrm{s}]} \simeq 2.9[\mathrm{V}/\mu\mathrm{s}] \tag{2-20}$$

2-4 전자기기용 기호

전자회로에서 회로를 그릴 때 사용하는 각종 소자에 대한 기호는 〈표 2-4〉와 같다. 〈표 2-5〉는 각종 반도체 부품의 기호이다.

〈표 2-4〉 전자부품의 각종 기호

배선의 교차 (jumper)	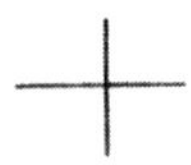	배선이 접속되어 있지 않은 상태이다.
접 지	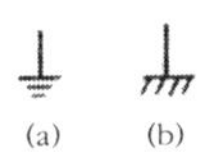	어스(earth)라고도 하며 미국에서는 그라운드(ground)라고도 한다.
터미널 (terminal)		회로 배선의 접속단자를 뜻한다.
가변 표시	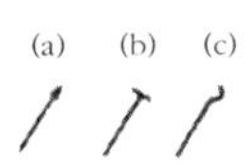	(b)는 특히 반고정을 표시한다. (c)는 특히 탭(tab)을 바꿀 때 사용한다.
저항기	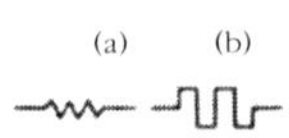	(b)는 특히 무유도성일 경우에 사용된다.
가변저항기 (VR)	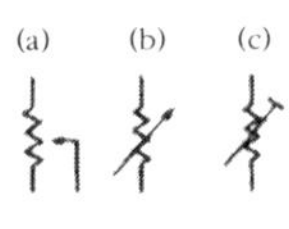	저항값을 변화시키는 것으로 볼륨(volume)이라고도 한다. (c)는 반고정형을 나타낸다.
인덕터	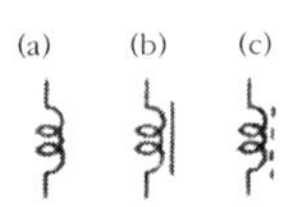	(b)는 철심이, (c)는 압분철심이 들어 있는 경우
가변 인덕터		코일을 가변한다.
콘덴서	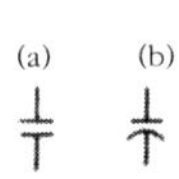	(b)는 전극의 구별에서 저전위쪽을 곡선으로 표시한다.

가변 콘덴서	(a) (b) 	용량값을 변화할 수 있으며 바리콘이라고도 한다. (b)는 반고정형일 경우 가변 콘덴서이다.
전해 콘덴서	(a) (b) 	소형 대용량 특성이 있으며 저주파 바이패스 결합용 등으로 널리 사용된다. (b)는 탄탈 콘덴서이다.
트랜스	(a) (b) 	전자유도장치에 의해서 다른 회로에 교류전력을 공급한다.
직류전원	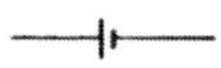	긴 선을 (+), 짧은 선을 (−)로 한다.
교류전원		시간에 따라 방향과 크기가 주기적으로 변화한다.
퓨 즈		개방형 퓨즈
개 폐 기		스위치
전원 플러그	(a) (b) 	(a)는 2극, (b)는 3극을 표시한다.
전환 개폐기		로터리의 스위치, 회전 스위치라고도 하며, 축을 회전하여 접점 변환한다.
관통형 콘덴서		세라믹 콘덴서 일종으로 초단파 이상의 고주파 바이패스용이다.
수정편		수정진동자(발진자)

안테나 (ANT)	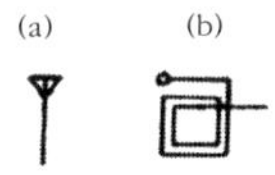	전파의 송수신기능을 하는 공중선을 의미한다. (a)는 일반 안테나, (b)는 루프 안테나
신호등 (표시등)	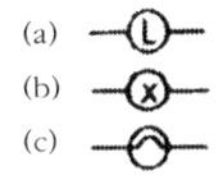	특히 색깔이나 용도를 구별한 경우는 L자 대신 다음과 같이 기입된다. 빨강 : RL, 주황색 : OL, 녹색 : GL, 파랑 : BL, 흰색 : WL, 노랑 : Y, 투명색 : TC, 파일럿 : PL
시일드선		고주파용 동축 케이블선을 표시하기도 한다.
커넥터	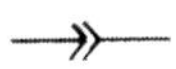	여러 개의 플러그나 잭을 표시하기도 한다.
스피커	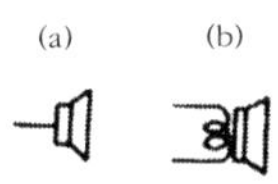	전기신호를 음성신호로 변환한다. (a)는 다이나믹 스피커
이어폰	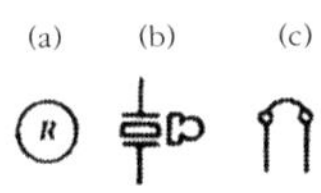	(b)는 크리스탈 이어폰, (c)는 헤드폰
이어폰 및 헤드폰 잭	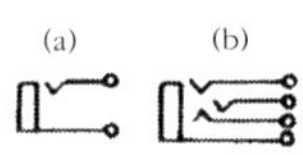	(b)는 스테레오 헤드폰 잭
마이크로폰	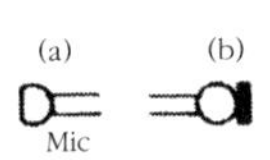	음파신호를 전기신호로 변환하는 장치이다.
증폭기		소신호를 대신호로 변환한다. 블록 다이어그램에서 기호로 표시할 때 사용한다.

〈표 2-4〉 각종 반도체 부품의 기호

명 칭	기 호	비 고	명 칭	기 호	비 고
다이오드		검파, 정류용	SCR		P Gate
제 너 다이오드		정 전 압 다이오드	DIAC		
터 널 다이오드		ED	TRIAC	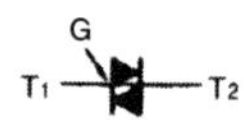	
발 광 다이오드		LED	LASCR		
가변용량 다이오드		Varactor	SCS		
전파 브리지 정류기	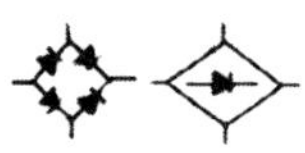		SBS	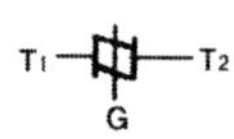	
트랜지스터	(a) (b) 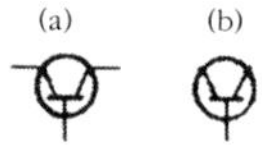	(a) NPN형 (b) PNP형	SSS		
UJT			PUT		SUS
광 전 트랜지스터	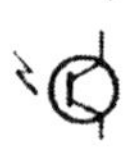		Cds	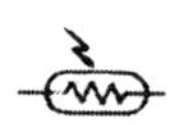	
서미스터			바리스터		비대칭형 대칭형
접합형 FET	(a) (b) 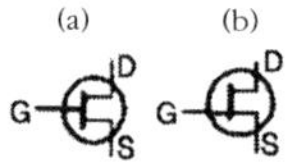	(a) N채널 (b) P채널	MOS형 FET	(a) (b) 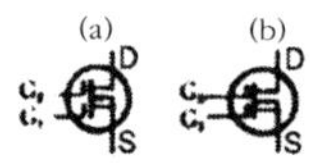	(a) N채널 (b) P채널

명 칭	기 호	비 고	명 칭	기 호	비 고
AND gate	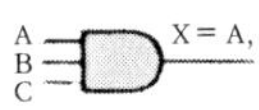	논리곱회로	OR gate	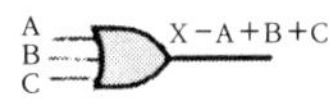	논리합회로
NOT gate	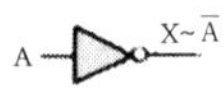	부정회로	NAND gate	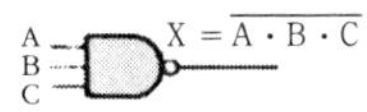	부정논리곱 회로
NOR gate	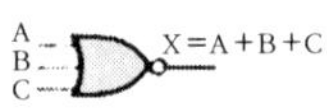	부정논리합 회로	OP-Amp	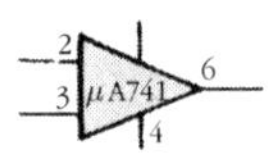	증폭기

제3장

회로소자의 이해와 활용

3-1 저항기

1 저항기의 개요

저항기(resistance)란 전류의 흐름을 억제하는 기능을 가지고 있다. 단위는 옴(Ohm, Ω)이 사용된다.

저항기를 사용하는 경우에 중요한 핵심은 저항값 이외에 정격전력, 온도계수, 열화현상, 잡음특성, 오차 등을 고려해야 한다.

(1) 정격전력

저항기가 견딜 수 있는 소비전력(W : 와트)으로 저항에 전류가 흐르면 반드시 열이 발생하게 되며 그로 인해 저항값이 변화한다. 열의 허용범위를 정격전력으로 표현하며 일반적으로 정격전력의 1/2 이하에서 사용되며, 전자회로에서 흔히 사용되는 것으로 1/8[W], 1/4[W], 1/2[W] 등이 있다.

전자회로의 신호회로(미약전류)에서는 너무 의식할 필요 없이 1/8[W]로 충분하지만 큰 전류가 흐르는 전원회로, 발광 다이오드의 전류제어용과 같은 저항기에는 정격전력을 염두에 둘 필요가 있다.

예를 들면, 47[kΩ], 1/8[W]의 저항기의 경우 $\sqrt{0.125 \times 47 \times 10^3}$ =76.7[V]이다. 전자회로의 신호회로에서 47[kΩ]에 이러한 전압을 걸어주는 경우는 거의 드물다.

(2) 온도계수

온도에 의하여 저항값은 변화하며 이것을 온도계수라 한다. 온도계수가 300[ppm/℃]인 저항의 온도가 20[℃] 상승하면 저항값은 0.6[%] 증가한다. 따라서 정밀회로를 만들 때에는 온도계수를 계산에 넣을 필요가 있다.

(3) 주파수 특성

주파수가 높은 고주파에서 저항을 사용하면 구조상 코일이나 콘덴서와 동일한 요소가 포함되기 때문에 순수한 저항의 기능을 상실하게 된다. 일반적인 카본 저항이라면 수 10[MHz]까지는 사용할 수 있으나, 코일 저항은 구조가 코일 그 자체이기 때문에 고주파에는 사용할 수 없다.

(4) 열화 현상

큰 전류에 사용되는 저항은 자체 발열에 의해 저항에 오차가 발생하며 사용 초기에는 저항이 상온으로 돌아오면 원래의 값으로 회복되나, 오랜시간 동안 발열이 지속되거나 사용시간이 경과함에 따라 원래의 값으로 돌아오지 않을 수 있으며 오차가 커지게 되므로 충분히 여유를 갖고 사용해야 한다.

(5) 잡음 특성

저항은 본질적으로 열잡음을 발생시킨다. 저잡음이 필요한 오디오 등에는 특수용 저항이 쓰이며, 일반적으로 금속피막 저항기가 좋은 특성을 갖고 있다.

2 저항값의 표준

저항값의 표준에 대해서는 KS 규격이나 JIS 규격을 사용하고 있으며, 이것들은 E계열이라 하며, 10을 대수적으로 몇 등분하는가에 따라 E3, E6, E12, E24 등과 같이 표현한다. 예를 들어 E3 계열이면 10을 대수적으로 3등분, 즉 $10^0(=1)$, $10^{\frac{1}{3}}(=2.2)$, $10^{\frac{2}{3}}(=4.7)$, $10^{\frac{3}{3}}(=10)$과 같은 값으로 된다.

일반적으로 많이 사용되고 있는 것은 허용오차 ±5[%]의 E24 계열과 허용오차 ±1[%]의 E96 계열이다. 예를 들면, E24 계열로 취할 수 있는 저항값은 다음과 같다.

1.0	1.1	1.2	1.3	1.5	1.6	1.8	2.0	2.2	2.4	2.7	3.0
3.3	3.6	3.9	4.3	4.7	5.1	5.6	6.2	6.8	7.5	8.2	9.1

이 값을 보면 상당히 무질서한 값으로 보이지만 24등분된 값이므로 실제로 설계할 때 필요한 적절한 값을 사용할 수 있을 것이다.

〈표 3-1〉은 단위의 읽는 방법이다.

〈표 3-1〉

단위	읽는 법	수 치
mΩ	밀리옴	1/1000
Ω	옴	1/1
kΩ	킬로옴	1000
MΩ	메가옴	1000000

3-2 | 저항값 표시법과 저항기의 종류

1 저항값 표시법

(1) 컬러코드

저항에는 각각 전기저항의 크기(저항값)가 있으나, 저항기의 외형이 상당히 소형이기 때문에 숫자를 직접 쓸 수 없다. 컬러로 된 선으로 저항의 값과 오차를 나타내고 있으며 이것을 컬러코드라고 한다.

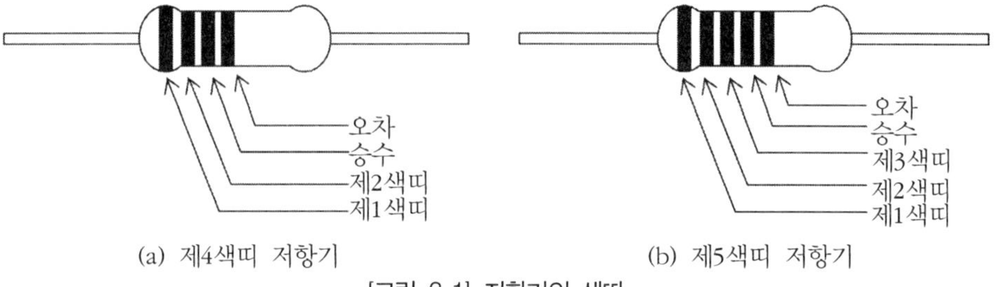

[그림 3-1] 저항기의 색띠

〈표 3-2〉 보통 저항의 컬러코드와 색값

색깔	제1색띠	제2색띠	제3색띠	제4색띠
흑색	0	0	10^0	
갈색	1	1	10^1	±1[%]
적색	2	2	10^2	±2[%]
등색	3	3	10^3	
황색	4	4	10^4	
녹색	5	5	10^5	±0.5[%]
청색	6	6	10^6	
자색	7	7	10^7	
회색	8	8	10^8	
백색	9	9	10^9	
금색			10^{-1}	±5[%]
은색			10^{-2}	±10[%]
무색				±20[%]

[그림 3-1]은 4색띠와 5색띠의 색깔표시의 예를 나타내었고, 〈표 3-2〉는 보통 저항의 컬러코드와 색깔표시의 값을 나타내었다.

예를 들면, [그림 3-1](a)에서 색띠의 순서가 노랑색, 보라색, 빨강색, 은색으로 되어 있으면 47×10^2, 10% = 4700[Ω] ± 10[%] = 4.7[kΩ] ± 10[%]의 저항값이다.

[그림 3-1](b)에서 색띠의 순서가 빨강, 노랑, 분홍, 갈색, 녹색일 경우는 243×10^1, 0.5[%] = 2430[Ω] ± 0.5[%] = 2.43[kΩ] ± 0.5[%]이다.

예를 들면

① 4색띠

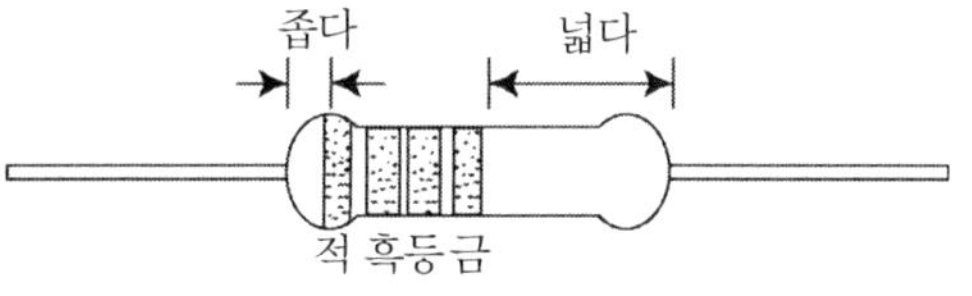

제 1, 2색 : 적흑 = 20

제 3색 : 등 = 10^3

저항값 : 20×10^3 = 20,000[Ω] = 20[kΩ]

제 4색(오차) : 금 = ± 5[%]

② 5색띠

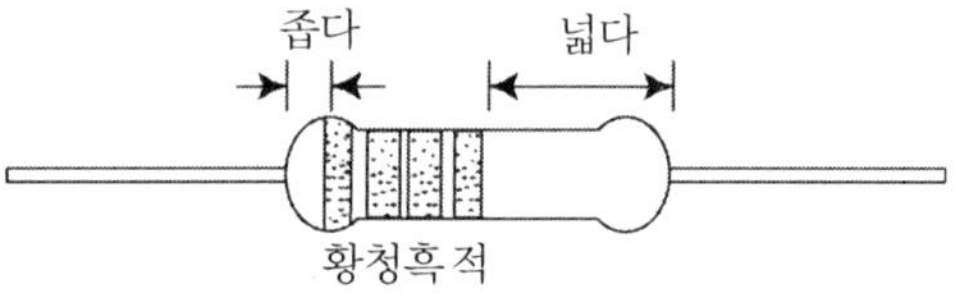

제 1, 2, 3색 : 황 청 흑 = 460

제 3색 : 적 = 10^2

저항값 : 460×10^2 = 46[kΩ]

제 5색(오차) : 적 = ±2[%]

(2) 숫자표시법

저항기의 표면이 크거나 평면이면 컬러 대신 숫자나 저항값을 직접 인쇄하여 표기하는 경우도 있다.

이때 오차는

D=± 0.5[%], F=± 1[%], G=± 2[%], J=± 5[%], K=± 10[%]

를 나타낸다. 예를 들면

①

제 1, 2 숫자 : 유효숫자 = 47

제 3 숫자 : 승수 = 10^3

저항값 : 47×10^3 = 47[kΩ]

오차 : J = ± 5[%]

②

정격전력 : 5[W]

저항값 : 20[Ω]

오차 : K=± 10[%]

예제 3-1

〈표 3-3〉에 나타낸 색띠의 저항값과 오차범위를 쓰시오.

풀이

〈표 3-3〉

첫째 색	둘째 색	셋째 색	넷째 색	다섯째 색	저항값	오 차
적	청	황	은	−		
갈	흑	적	금	−		
적	흑	금	금	−		
황	적	녹	흑	녹		
갈	적	녹	갈	적		

예제 3-2

임의의 저항기 10개를 선택하여 〈표 3-4〉를 완성하시오.

풀이

〈표 3-4〉

저항	첫째 색	둘째 색	셋째 색	넷째 색	다섯째 색	저항값	오 차
1							
2							
3							
4							
5							
6							
7							
8							
9							
10							

예제 3-3

〈표 3-5〉에 나타낸 저항값의 색을 해당란에 쓰시오.

풀이

〈표 3-5〉

저항값(Ω)	오차	첫째 색	둘째 색	셋째 색	넷째 색
820	± 5[%]				
1.2K	± 5[%]				
10K	± 10[%]				
33K	± 10[%]				
47M	± 20[%]				

2 저항기의 종류

전류가 잘 흐르는 물체를 도체(conductor), 전류가 흐르지 않는 물체를 절연체(insulator) 또는 부도체(nonconductor)라고 한다. 이에 비하여 전류의 흐름을 필요에 따라 제한하는 전자부품인 실물을 저항기(resistor), 속칭 저항(resistance)이라고 한다. 이들 저항기는 저항값의 변화에 따라 고정저항기와 가변저항기, 반고정저항기로 분류된다.

(1) 고정저항기

일반적인 저항기를 말하며 저항값이 고정되어 있는 저항기로 탄소피막, 금속피막, 권선, 시멘트 및 어레이 저항기 등으로 대변되며, 고정저항기의 외형은 [그림 3-2]와 같다.

1) 탄소피막 저항기

세라믹 막대 표면에 흑연피막을 증착시킨 구조인데, 저항값은 탄소피막의 두께로 조절한 저항기로서 가장 일반적이며, 열용량 1/8～1[W], 오차 ±5[%]의 소용량 저항기이다. 크기가 작고, 가격은 싸지만 잡음발생이 많으며 저항값은 컬러코드(color code) 방식으로 표기한다.

(a) 탄소피막 저항

(b) 권선저항

(c) 시멘트 저항

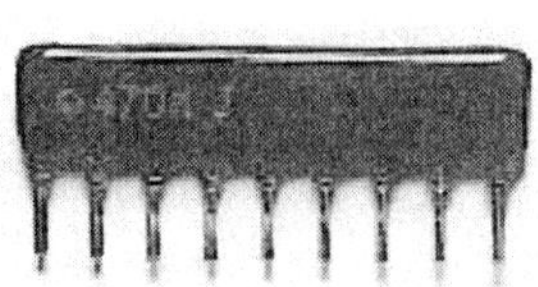

(d) 어레이 저항

[그림 3-2] 고정저항기 외형

2) 금속피막 저항기

탄소피막 대신 금속피막을 증착시킨 것만 다르고, 금속피막 저항은 오차가 2[%]

이내인 정밀급으로 제조되고 잡음이 적으며, 5색띠 컬러코드 저항은 여기에 해당된다.

3) 권선저항기

10~50[mm] 정도의 도자기관에 니크롬 저항선을 감아 만든 발열량이 큰 저항기로 2~100[W] 정도의 대용량이 많고, 10[W] 이상이 되면 저항선 위를 법랑으로 코딩한다.

4) 시멘트 저항기

단단한 사각형 시멘트관 속에 저항재질을 압축하여 넣어 만든 저항기로 2~10[W] 정도의 중간 용량형이고 오차는 ±5[%] 제품이 많다.

5) 어레이(array) 저항기

최근의 디지털 회로 등에는 동일한 저항값의 저항기를 대량으로 사용하기 편리하도록 같은 값을 가진 여러 개의 저항이 하나로 묶여 있는 저항기로서 네트워크 저항기(network resistor)라고도 하며, [그림 3-3]과 같이 공통 접속되는 [그림 3-3](a)의 경우와 각각 저항기가 독립되어 있는 [그림 3-3](b)가 있다.

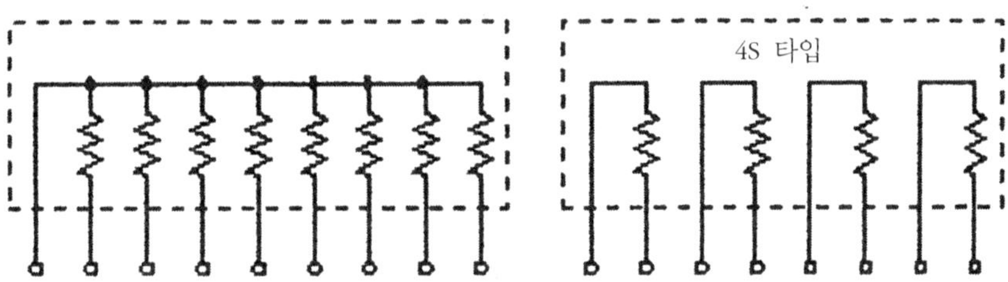

(a) (b)

[그림 3-3] 어레이 저항기 접속

(2) 가변저항기와 반고정 저항기

1) 가변저항기

저항값을 조절하도록 만든 것을 가변저항기(VR : Variable Resistor)라 하며 실제로는 음량의 조정 등에 많이 사용되므로 볼륨(volume)이라고도 하며, [그림 3-4]와 같은 회전형과 슬라이드형 가변저항기가 주로 사용된다.

보통 가변저항기는 저항숫자가 표시되어 있다. 예를 들면 50[kΩ] 혹은 503이란 표기가 되어 있으면 50[kΩ]은 문제가 안되지만 503은 다음과 같이 계산된다.

$$50 \times 10^3 = 50{,}000[\Omega] = 50[k\Omega]$$

가변저항기는 0～50[kΩ]까지 가변시킬 수 있다.

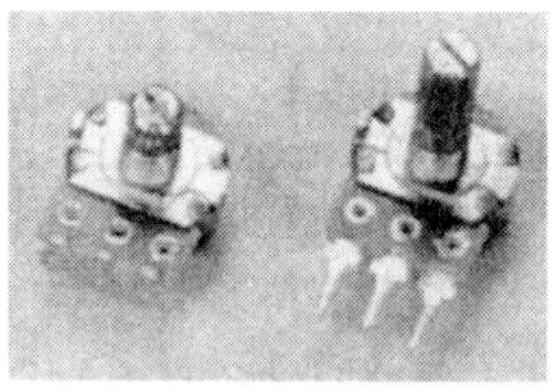

(a) 회전형 가변저항기

(b) 슬라이드형 가변저항기

[그림 3-4] 가변저항기의 외형

2) 반고정 저항기

드라이버로 조절이 가능하도록 만든 것을 반고정 저항기(semi variable resistor) 또는 트리머 저항기(trimmer resister)라고 하며, 외형은 [그림 3-5]와 같은 것이 주로 사용된다.

[그림 3-5] 반고정 저항기의 외형

3-3 콘덴서

1 콘덴서의 개요

콘덴서는 전기를 축적하는 기능을 가지고 있다. 그러나, 일반적으로는 전기를 축적하는 기능 이외에 직류전류를 차단하고 교류전류를 통과시키려는 목적으로 사용된다. 콘덴서는 기본적으로는 2장의 전극판을 대향시킨 구조로 되어 있고, 여기에 직류 전압을 걸면 각 전극에 전하(電荷)라고 하는 전기가 축적되며 축적하고 있는 도중에는 전류가 흐른다. 축적된 상태에서는 전류는 흐르지 않게 된다.

콘덴서의 용량을 나타내는 단위는 패러드(Farad, F)가 사용된다. 일반적으로 콘덴서에 축적되는 전하용량은 매우 작기 때문에 μF(10^{-6}F)나 pF(10^{-12}F)의 단위가 사용된다.

2 용량 표시법

콘덴서의 크기, 즉 용량은 일본 공업규격의 E3계열이나 E6계열이 채용되고 있다. 따라서 일반적으로 쉽게 구할 수 있는 콘덴서의 용량은 다음과 같이 된다.

E3계열	1.0 2.2 4.7
E6계열	1.0 1.5 2.2 3.3 4.7 6.8

콘덴서의 용량 표시는 부품 메이커에 따라 용량을 3자리의 숫자로 표시하거나, 그대로 표시하기도 한다.

3자리 숫자로 나타내는 경우에는 앞의 2자리 숫자가 용량의 제 1숫자와 제 2숫자이고, 3자리째가 승수가 된다. 표시의 단위는 [pF]이다.

예를 들면, 마일러 콘덴서 부품표시가 2H103K일 때 콘덴서를 판독해 보자.

정격전압 '2H'는 〈표 3-4〉에 나타낸 바와 같이 정격전압 $5.0 \times 10^2 = 500$[V]이고, 정전용량은 103으로 10×10^3[pF]이고, 허용오차 K는 〈표 3-5〉에서 ±10[%]이므로 용량값은 0.01[μF]±10[%]이다.

100[pF] 이하의 콘덴서는 용량을 그대로 표시한다. 즉, 47은 47[pF]를 의미한다.

〈표 3-6〉 정격전압

단위 : [V]

	A	B	C	D	E	F	G	H	J	K
0	1	1.25	1.6	2.0	2.5	3.15	4.0	5.0	6.3	8.0
1	10	12.5	16	20	25	31.5	40	50	63	80
2	100	125	160	200	250	315	400	500	630	800
3	1000	1250	1600	2000	2500	3150	4000	5000	6300	8000

〈표 3-7〉 허용오차

문자	B	C	D	F	G	J	K	M	N	V	X	Z	P
[%]	±0.1	±0.25	±0.5	±1	±2	±5	±10	±20	±30	+20 −10	+40 −10	+80 −20	+100 − 0
[pF]	±0.25	±0.25	±0.5	±1	±2								

3 콘덴서의 종류

두 극판의 전극간에 절연체(유전체라고 한다)를 넣어(절연체를 두 전극 사이에 삽입) 콘덴서를 만드는데, 이 재질에 따라 여러 종류의 콘덴서가 있다. 아무것도 삽입하지 않고 공기를 유전체로 하는 콘덴서도 있다.

(1) 알루미늄 전해 콘덴서

전해 콘덴서 또는 케미콘(chemical condenser)이라고도 하며, 알루미늄 콘덴서는 유전체로 얇은 산화막을 사용하고, 전극으로는 알루미늄을 사용하고 있다. 유전체를 매우 얇게 할 수 있으므로 콘덴서의 체적에 비해 큰 용량을 얻을 수 있다.

[그림 3-6] 전해 콘덴서

〈표 3-8〉 콘덴서의 종류

콘덴서 종류	특 징	사 용 방 법
전해 콘덴서	• 비교적 용량이 큼(0.1~15000[μF]) • ±의 극성이 있다. • 정격전압이 있다(2~500[V]). • 비교적 허용차가 크다. (±10[%], ±20[%], −10~+30[%]) • 비교적 저주파 대역용 (DC~수백[kHz])	• 직류회로의 전원 필터나 교류회로의 커플링으로서 사용된다. • 사용 가능 주파수가 비교적 낮기 때문에 주의가 필요하다. • 오디오용 특별 저잡음형도 있다. • 2개의 리드선 중에 긴 쪽이 (+) 극성이다.
탄탈 콘덴서	• 비교적 용량이 큼(0.1~220[μF]) • ±의 극성이 있다. • 정격전압이 있다(3~35[V]). • 전해 콘덴서보다 주파수 특성이 좋다(DC~수십[MHz]).	• 주파수 특성이 비교적 좋기 때문에 노이즈 진폭 제한기나 바이패스, 커플링, 전원 필터로서 사용된다. • 2개의 리드선 중 긴 쪽이 (+) 극성이다.
세라믹 콘덴서 (적층)	• 비교적 용량이 작다(수 [pF]~수[μF]) • 정격전압이 있으며 고전압용도 있다(25[V]~3[kV]). • 온도보상용으로서 온도계수가 관리되는 것이 있다. • 극성이 없으며 허용차가 크다 (±10[%], ±20[%]). • 적용 주파수 대역이 넓다 (수 [kHz]~수 [GHz]).	• 고주파 대역에서 사용에 적합하기 때문에 고주파용 바이패스, 동조용, 고주파 필터로서 사용된다.
전기이중층 콘덴서	• 특히 대용량의 콘덴서(0.01[F]~0.5[F]) • 정격전압이 비교적 낮다. (수[V]가 일반적임) • 주파수 특성은 나쁘다.	• 직류의 축전용, 배터리의 대용으로서 사용할 수 있지만 대전류 공급은 어려우며 메모리의 백업 전지 대용으로 사용된다.

전해 콘덴서에는 [그림 3-6]과 같이 마이너스 극성을 표시하는 마크가 있고, 실장할 때는 주의해야 한다.

(2) 탄탈 전해 콘덴서

탄탈 전해 콘덴서는 tantalum powder를 소결하여 굳혔을 때에 나오는 빈 틈을 이용하는 구조로 되어 있어 탄탈 콘덴서(tantalum condenser)라고도 하며, 전극에

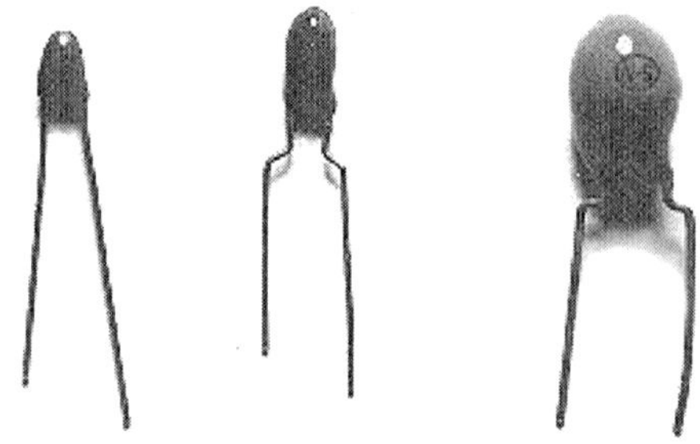

[그림 3-7] 탄탈 콘덴서

탄탈륨이라는 재료를 사용하고 있는 전해 콘덴서로서 비교적 큰 용량을 얻을 수 있다. 그리고 온도특성(온도의 변화에 따라 용량이 변화한다.

용량이 변화하지 않을수록 특성이 좋고 주파수 특성 모두 전해 콘덴서보다 우수하다. 이 콘덴서도 극성이 있으며, 콘덴서 자체에 (+)의 기호로 전극을 표시하고 있다. 탄탈 콘덴서도 절대로 극성을 잘못 접속해서는 안 된다.

가격은 전해 콘덴서보다 비싸기 때문에 온도에 의한 용량이 거의 변화하지 않는 회로와 어느 정도 주파수가 높은 회로 등에 사용한다.

또한, 알루미늄 전해 콘덴서에서 발생하는 스파이크(spike) 형상의 전류가 나오지 않으므로 신호 파형을 중요시하는 아날로그 신호계에는 탄탈 콘덴서를 사용하는 것이 일반적이다. 스파이크와 같은 불필요한 파형이 문제가 되지 않는 경우에는 전해 콘덴서로도 충분하다.

(3) 세라믹 콘덴서

세라믹 콘덴서는 전극간의 유전체로 티탄산 바륨(Titanium-Barium)과 같은 유전율이 큰 재료가 사용되며, 인덕턴스(코일의 성질)가 적어 고주파 특성이 양호한

[그림 3-8] 세라믹 콘덴서

특징을 가지고 있어 고주파의 바이패스(고주파 성분 또는 잡음을 접지로 통과시킨다)에 흔히 사용된다.

모양은 원반형으로 되어 있으며, 용량은 비교적 작다. 세라믹은 강유전체의 물질로 아날로그 신호계 회로에 사용하면 신호에 일그러짐이 나오므로 이와 같은 회로에는 사용할 수 없다.

(4) 적층 세라믹 콘덴서

적층 세라믹 콘덴서는 전극간의 유전체로 고유전율계 세라믹을 다층 구조로 사용하고 있으며, 온도특성, 주파수 특성이 양호하고, 또한 소형이라는 큰 특징이 있다. 비교적 높은 주파수 성분이 포함되어 있는 디지털 회로에서 취급하는 구형파(펄스파) 신호의 바이패스용으로 흔히 사용되고 전극의 극성은 없다.

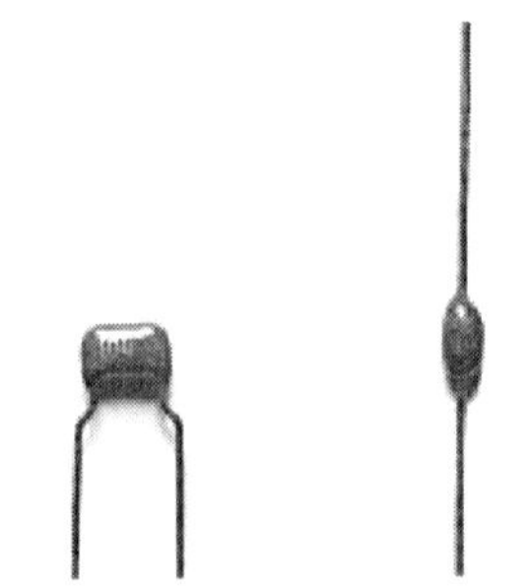

[그림 3-9] 적층 세라믹 콘덴서

(5) 스티롤 콘덴서

전극간의 유전체로 폴리스티렌(polystyrene) 필름이 사용되며, 스티롤 콘덴서는 필름을 감은 구조이므로 인덕턴스(코일) 성분이 크기 때문에 고주파에는 사용할 수 없으며, 수백 [kHz] 이하의 필터 회로나 타이밍 회로 등에 흔히 사용된다.

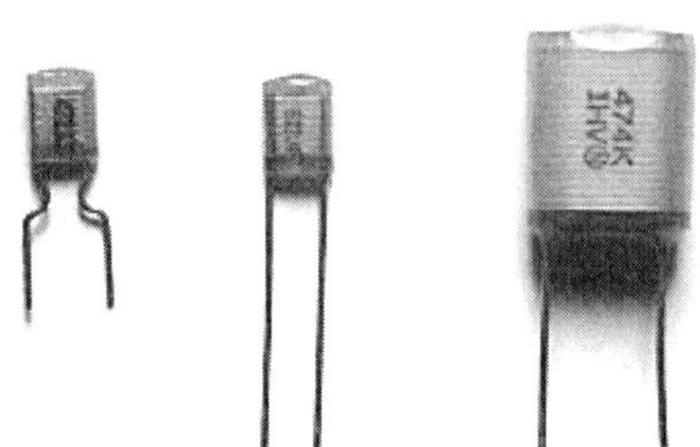

[그림 3-10] 스티롤 콘덴서

(6) 슈퍼 콘덴서

슈퍼 콘덴서(super condenser)의 용량은 0.47F(470,000[μF])와 같은 초대용량 콘덴서이다. 이와 같은 대용량의 콘덴서를 전원회로 등에 사용할 때에는 각별한 주의가 필요하다. 그 이유는 콘덴서가 텅 비어 있을 때(전기가 축적되어 있지 않을 때)에는 전류가 계속 유입하므로 정류기 등이 과전류로 인해 파괴되는 경우가 있기 때문이다.

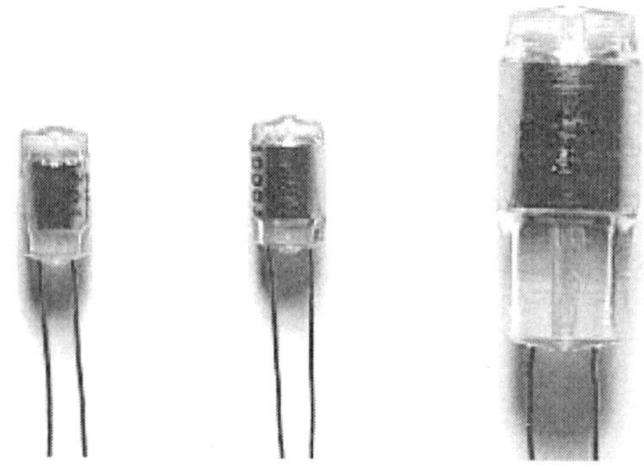

[그림 3-11] 슈퍼 콘덴서

(7) 폴리에스테르 필름 콘덴서

마일러(Mylar) 콘덴서라고도 하며, 얇은 폴리에스테르(polyester) 필름을 양측에서 금속으로 삽입하여 원통형으로 감은 것이다.

저가격으로 사용하기 쉽지만, 높은 정밀도는 기대할 수 없다. 오차는 대략 ±5~±10[%] 정도이다. 메이커에 따라 용량을 표시하는 방법이 다르므로 주의할 필요가 있다.

[그림 3-12] 마일러 콘덴서

(8) 폴리프로필렌 콘덴서

폴리에스테르 콘덴서보다 높은 정밀도가 요구되는 경우에 사용한다. 유전체 재료는 폴리프로필렌(polypropylene) 필름을 사용하며, 100[kHz] 이하의 주파수에서 사용하면 거의 용량의 변화가 없다.

(9) 마이카 콘덴서

유전체로 운모(mica)를 사용한 콘덴서이다. 운모는 온도계수가 작고 안정성이 우수하며, 주파수 특성도 양호하기 때문에 고주파에서서의 공진회로나 필터 회로 등에 사용된다. 또한, 절연내압도 우수하므로 고압회로에도 사용된다. 이전에는 진공관식 무선송신기 등에 흔히 사용되었다. 용량이 그다지 크지 않고 비싸다는 것이 단점이다.

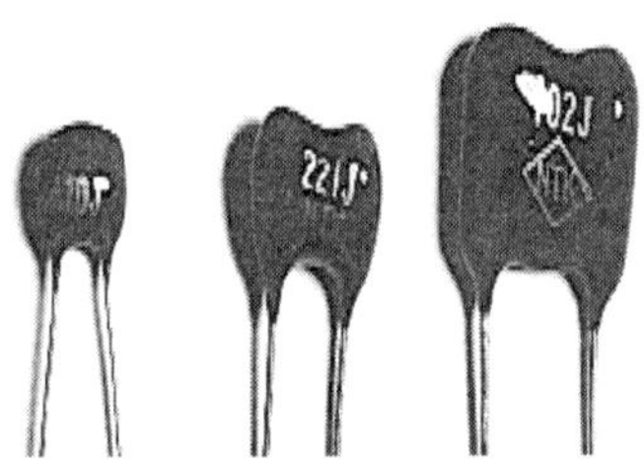

[그림 3-13] 마이카 콘덴서

(10) 메틸라이즈드 폴리에스테르 필름 콘덴서

시멘스 MKT 적층 콘덴서라고도 하며, 전극으로 증착 금속피막을 사용한 폴리에스테르 필름 콘덴서로 전극이 얇기 때문에 소형화가 가능하다. 이 콘덴서는 리드가 떨어지기 쉽기 때문에 취급에 주의할 필요가 있다. 한번 떨어져 버리면 사용할 수 있는 방법이 없다.

[그림 3-14] 시멘스 MKT 적층 콘덴서

(11) 가변용량 콘덴서

용량을 변화시킬 수 있는 콘덴서이며 주로 주파수 조정 등에 사용하고, [그림 3-15](a)에 나타낸 것은 트리머(trimmer)라 하는 가변용량 콘덴서이며, 유전체로 세라믹(자기)을 사용하고 있다. 그 외에도 폴리에스테르 필름 등을 유전체로 사용한 것도 있다. 프린트 기판에 실장할 수 있도록 만들어져 있다.

(a) (b)

[그림 3-15] 가변용량 콘덴서

1) 바리콘과 트리머

[그림 3-16]은 바리콘이라 하는 가변용량 콘덴서로 라디오의 튜너 등에 사용되며, 그림 (a)의 바리콘은 공기를 유전체로 하고 있으며, 3개의 독립된 콘덴서를 조합하고 있다(3련 바리콘이라고 한다).

용량은 각각 2~18[pF]까지 변화한다. 조정축을 돌리면 3개의 콘덴서의 용량이 동시에 변화한다. 이러한 바리콘은 여러 종류가 있으므로, 목적에 적합한 것을 선택하여 사용해야 한다.

[그림 3-16](b)에 나타낸 것은 소형 바리콘으로 폴리에스테르 필름을 유전체로 사용하고, 2개의 독립된 콘덴서를 조합하고 있다(2련 폴리바리콘이라고 한다).

용량은 한 쪽이 12 ~ 50[pF], 다른 한쪽이 11 ~ 70[pF]까지 변화한다. 그림에 나타낸 것은 각 콘덴서에 다시 소형의 트리머가 내장되어 있으며, 15[pF] 정도의 미세조정을 할 수 있다.

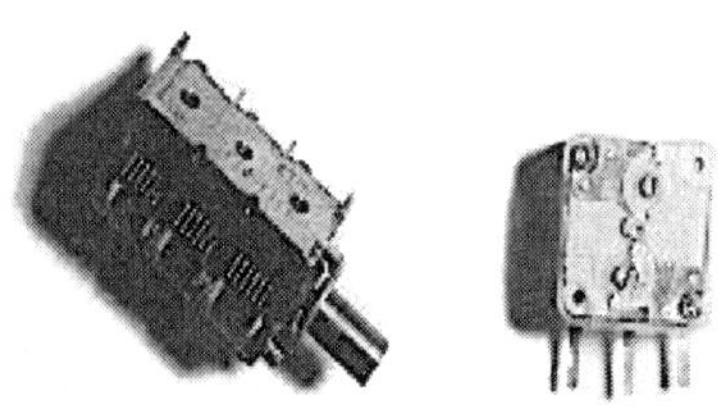

(a) (b)

[그림 3-16] 바리콘과 트리머

3-4 코 일

1 코일의 특성

코일(coil)이란 인턱터(inductor) 또는 인덕턴스(inductance)라고도 하며, 동선과 같은 선재(線材)를 나선 모양으로 감은 것이다. 또, 코일의 단위는 헨리(Henry, [H])가 사용된다. 선재를 감으면 감을수록 코일의 성질이 강해지며 헨리의 값도 커진다.

코일은 내부에 아무것도 넣지 않은 공심으로 하는 것보다 철심에 감거나 코어라 하는 철분말을 응고시킨 것에 감는 것이 보다 큰 헨리값이 얻어진다. 전기회로에서 사용하는 코일은 마이크로헨리 [μH]부터 헨리 [H]까지 폭넓게 사용된다. 코일의 여러 특성 가운데서 몇 가지 주요 성질은 다음과 같다.

(1) 전류의 변화를 안정

즉, 전류가 흐르려 하면 코일은 전류를 흘리지 않으려고 하며, 전류가 감소하면 계속 흘리려고 하는 성질이 있다. 이것을 '렌츠의 법칙'이라 하는데, 전자유도작용으로 인해 회로에 발생하는 유도전류는 항상 유도작용을 일으키는 자속의 변화를 방해하는 방향으로 흐른다.

(2) 상호 유도작용

이것은 두 코일을 가까이 하면 한쪽 코일의 전력을 다른 쪽 코일에 전달할 수 있다는 것의 성질을 이용한 것이 트랜스이다.

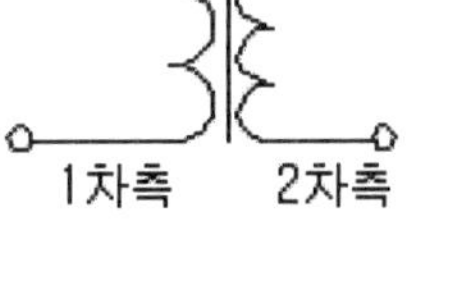

[그림 3-17] 트랜스(transformer)

전력을 공급하는 쪽의 코일(입력)을 1차측, 전력을 꺼내는 쪽(출력)을 2차측이라고 한다. 1차측 권수와 2차측 권수의 비율에 따라 2차측의 전압이 변화한다.

전원 트랜스 등은 2차측에서 권선의 도중에 선을 내어(tap이라고 한다) 여러 종류의 전압을 얻을 수 있도록 한 것이다.

(3) 전자석의 성질

전류가 흐르면 철이나 니켈을 흡착하는 성질을 이용한 것으로 계전기(릴레이)가 있다. 전류가 흐를 때에 철판을 끌어당겨 철판에 부착된 스위치를 닫도록 하는 것이다. 차임벨 등이 전자석의 성질을 이용한 것이다.

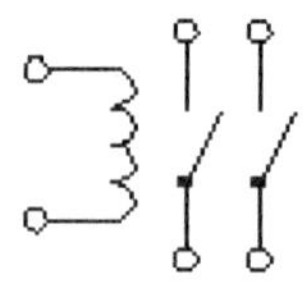

[그림 3-18] 계전기

(4) 공진하는 성질

코일과 콘덴서를 조합하면 어떤 주파수의 교류전류가 흐르지 않거나 쉽게 흐르기도 한다. 라디오의 방송국을 선택하는 튜너는 이 성질을 이용하여 특정한 주파수만을 선택하는 기능이 있다.

2 코일의 종류

(1) 고주파 및 안테나 코일

고주파 코일이나 안테나 코일 등은 [그림 3-19]와 같이 일정한 형태가 아니고, 여러 가지 형태로 되어 있어 제품의 규격표를 참조하여야 한다.

[그림 3-20]의 첫 번째 그림은 소북 모양의 코어에 가느다란 동선을 감은 것으로 코일의 값은 100[μH]이고, 고주파의 공진이나 고주파의 저지 등에 사용하며, 두 번째의 그림은 봉 모양의 코어에 가는 동선을 감은 것으로 코일의 값은 470[μH]이다.

[그림 3-20]의 오른쪽 2개의 그림은 고주파용의 트랜스이며, 트랜지스터 라디오 등의 발진용, 중간주파수(455[kHz])의 동조 등에 사용된다.

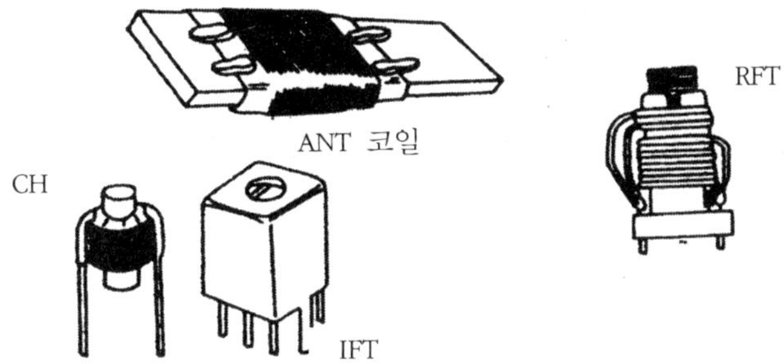

[그림 3-19] 고주파 코일과 안테나 코일

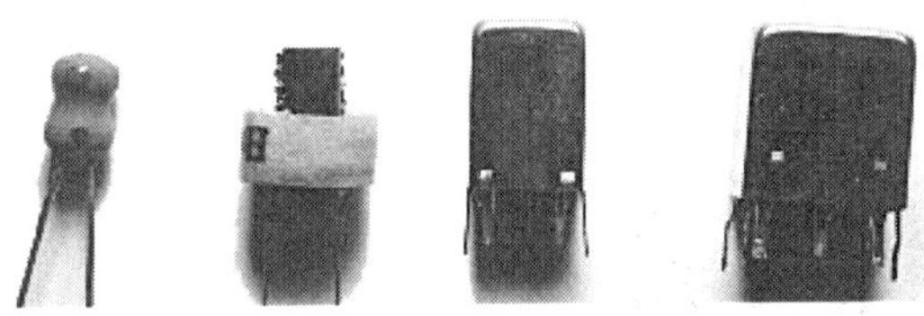

[그림 3-20] 고주파 코일 및 발진 코일

주파수가 고주파이므로 다른 회로로부터 자기에 의한 영향을 받지 않도록 하거나, 또는 주변 부품에 영향을 주지 않도록 하기 위해 [그림 3-20]과 같이 금속 케이스(차폐상자 또는 실드 케이스라고 한다)에 수납되어 있고, 이 케이스는 반드시 어스에 연결한다.

(2) 저주파용 트랜스

[그림 2-21]과 같은 트랜지스터용의 입력 트랜스(IPT)와 출력 트랜스(OPT)는 통상 임피던스의 크기가 기입되어 있지 않으며, 다만 적색(출력 트랜스), 청색 또는 녹색(입력 트랜스) 등 색깔로만 구분되어 있다. 일반적으로 소출력용이라면 그대로 이용이 가능하다. 그러나 1차와 2차의 구분을 알 수 없을 때에는 회로시험기로 직류저항을 측정한다.

(a) IPT(청색) (b) OPT(적색)

[그림 3-21] 트랜스

대개 OPT의 경우는 저항이 낮은 쪽이 2차이고, 저항이 높은 쪽이 1차이며, IPT의 경우는 그 반대가 된다. 또, 한쪽이 3단자인 OPT(출력 트랜스)의 경우는 대개 3단자 쪽이 1차이며, IPT(입력 트랜스)에서는 그 반대가 된다.

(3) 전원 트랜스

전원 트랜스(power transformer)는 [그림 3-22]와 같이 1차 코일에는 AC 110[V], AC 220[V] 등의 탭이 나온 것도 있어 전압이 낮은 곳에서는 0과 110[V]에 접속하고, 높은 곳에서는 0과 220[V]에 접속한다. 2차는 0, 5, 6, 9, 12[V] 같이 기입되어 있는데 이것은 전파정류용이며 0은 코일의 중심 탭을 나타낸다.

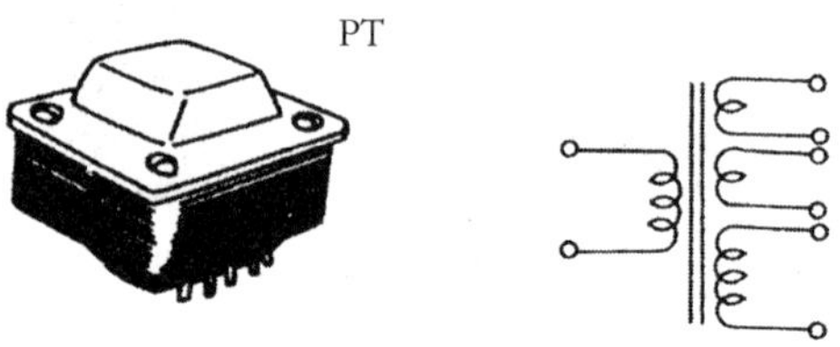

(a) 외형 (b) 트랜스 기호

[그림 3-22] 전원 트랜스

3 코일의 인덕턴스

코일의 인덕턴스의 값이 고정되어 있는 것과 가변시킬 수 있는 것이 있으며, 고정된 것은 저항기와 마찬가지로 컬러코드로 값을 표시하고 있는 것도 있다.

그 종류는 1[μH] 정도부터 수백 [μH]까지 여러 가지가 있다.

예를 들면, 1[μH], 2.2[μH], 3.3[μH], 3.9[μH], 4.7[μH], 5.6[μH], 6.8[μH], 8.2[μH], 10[μH], 15[μH], 18[μH], 22[μH], 27[μH], 33[μH], 39[μH], 47[μH], 56[μH], 68[μH], 82[μH], 100[μH] 등이 있다.

코일의 인덕턴스의 값을 조정할 수 있는 것은 동조용이나 발진용에서 인덕턴스 값을 변화시킬 수 있도록 되어 있고, 코일 중심의 코어부는 나사 모양으로 되어 있어 드라이버 등으로 돌리면 코어가 코일에 들어가거나 나오기도 한다. 따라서 코어의 상하 움직임에 따라 코일의 인덕턴스 값이 변화한다.

FM 라디오의 튜너부 등은 87.5～108[MHz] 부근의 고주파를 취급하기 때문에 코어에 코일을 감으면 인덕턴스 값이 너무 커지므로 공심 코일이 사용된다.

제4장

전자회로도의 해석과 설계의 기초

4-1 전자회로도의 해석방법

1 회로도의 기본적 요소

기본적인 회로도를 이해하기 위해서는 부품의 명칭 및 종류, 부품의 정수, 각 부품사이의 연결 관계 등을 알아야 한다. 그러나 회로도 안에 사용되고 있는 부품이나 기호에는 기본적인 규약이 있고, 이것을 이해해야만 회로의 동작을 이해할 수 있다.

(1) 도선의 교차와 접속

회로도에서 부품 사이의 접속관계는 직선으로 표현하는데 직선이 서로 교차하는 경우에 접속여부를 잘 구별해야 한다. 회로도에서는 일반적으로 교차한 직선을 표시할 때 [그림 4-1]과 같이 하고 있다.

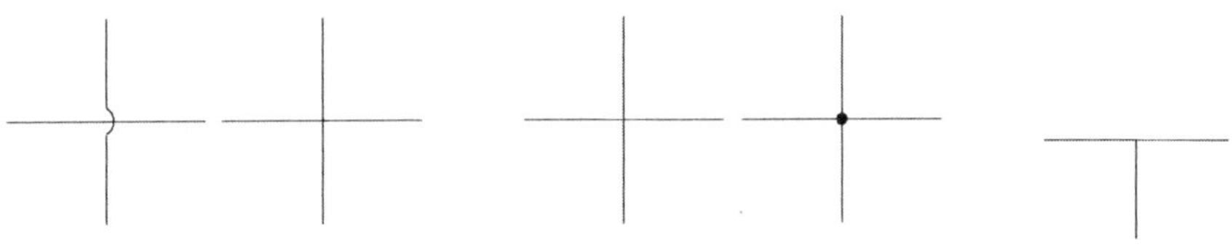

(a) 교차점과 접속점　(b) 교차점과 접속점　(c) 분기점

[그림 4-1] 교차점과 분기점

[그림 4-1](a)와 같이 +자형 교차점에 반원이 있으면 접속되지 않은 것이며 그렇지 않은 것은 교차한 것이고, 그림 (b)와 같이 +자형 교차점에 점이 있으면 접속된 것이고, 그렇지 않은 것은 접속되지 않은 것이다. 그림 (c)의 T자형 교차점은 분기점으로 접속된 것이다.

따라서 교차점에 점을 찍는 경우는 반원 표시를 생략하는 경우가 많으며 반원 표시를 사용하는 경우는 점을 찍지 않는 것이 일반적이다. 또한 교차점이 접속이 된 것인가 안된 것인가는 회로의 동작을 보면 접속이 되어야 할 곳인지 접속되지 않아야 할 곳인지를 알 수 있다.

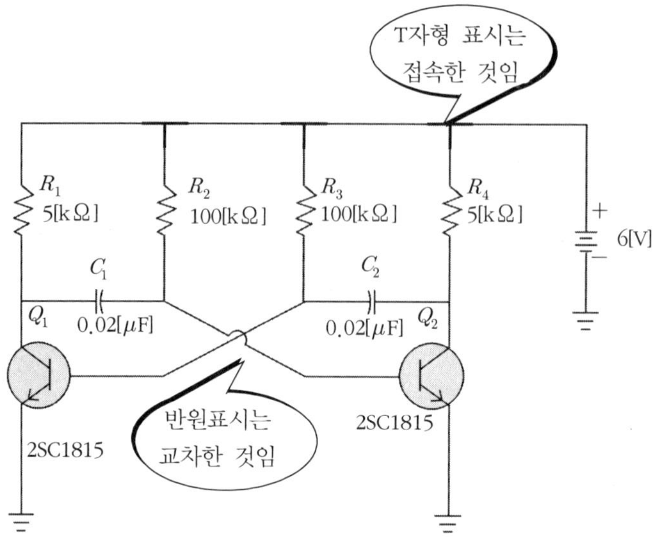

[그림 4-2] 전자회로도의 예

(2) 회로도상의 부품의 표시 및 기본단위

[그림 4-2] 회로도에서 부품 근처에는 다양한 숫자와 기호가 쓰여 있으며, 이 중에 부품의 값이 포함되어 있고 그것들에는 단위가 붙어 있다.

실제 회로도에서는 100[Ω], 0.1[μF] 값에서 [Ω], [μF]의 단위는 생략하여 100, 0.1로 표기되는 경우가 많다.

(3) 회로도의 기호

1) 전원과 그라운드(접지)

회로도에 표시되어 있지만 명확한 접속관계가 없는 것이 전원과 그라운드이다. 전원 및 그라운드 기호로 〈표 4-1〉과 같은 것이 일반적인 것이다.

전원기호로 표시된 것은 전원 (+) 또는 (−)단자에 접속하며, 그라운드 기호로 표시된 것은 전원의 (−)에 접속한다.

〈표 4-1〉 전원과 그라운드의 표시

기 호	약 호	기 능
V_{CC} 	Vcc	전원의 양(+)에 접속
V_{CC} 	Vcc	전원의 양(+)에 접속
+5[V] 	+5[V]	+5[V] 전원에 접속
V_{CC} 	Vcc	전원의 양(+)에 접속
	GND	전원의 부(−) 또는 0[V]에 접속하며 그라운드 또는 어스라고 한다.
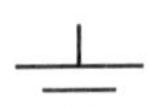	FG	금속 케이스 또는 섀시에 접속하며 프레임 그라운드라고 한다.

(4) 약호와 의미

회로도를 잘 판독하기 위해서는 회로도에 자주 나타나는 약호와 그 의미에 관한 지식이 있어야 한다. 〈표 4-2〉에 그 대표적인 약호와 그 의미를 나타내었다.

〈표 4-2〉 약호와 의미

약 호	의 미
IC	집적회로(Integrated Circuit) : 트랜지스터나 저항을 실리콘 위에 고집적화하여 복잡한 회로를 모듈화
J-FET	접합형 전계효과 트랜지스터(Junction Field Effect Transistor)
MOS-FET	금속산화 피막 전계효과 트랜지스터(Metal Oxide Semiconductor FET) : 상당히 높은 입력 임피던스를 갖고 있으며 도통시 저항도 낮기 때문에 대전력용으로 취급가능
Tr	트랜지스터(Transistor) : 반도체 증폭소자의 기본
OP-AMP	연산증폭기(Operational Amplifier) : 아날로그 증폭회로를 IC화한 것

〈표 4-2〉 계속

약 호	의 미
D	다이오드(Diode) : 정류소자로서 고주파용에서 전원용까지 다양한 종류가 있다.
LED	발광 다이오드(Light Emitting Diode)
SCR	실리콘 제어 정류소자(Silicon Control Rectifier) : on/off 게이트 기능을 갖는 다이오드
R	저항 또는 저항기(Registor, Resistance)
C	콘덴서 또는 정전용량(Capacitor, Capacitance)
L	코일, 인덕턴스(Indector, Inductance) : 고주파 회로의 동조용이나 필터로 많이 사용
T	트랜스(Transformer) : 교류전압을 변화시키는 것으로 전원이나 고주파 회로 등에 사용
PT	전원 트랜스(Power Transformer) : 전원용이나 전압측정용 변압기
X-TAL	수정진동자, 크리스털 발진자(Crystal) : 안정된 발진주파수를 얻는 데도 사용
IFT	중간주파 트랜스(Internediate Frequency Transformer) : 고주파 회로의 단간 동조에 사용하는 트랜스
RFC	고주파 초크 코일(Radio Frequency Choke) : 고주파의 필터용 코일
SW	스위치(Switch)

2 회로도에 표시되지 않는 것

일반적인 규칙에 따라 그려진 회로도에도 명확하게 표현되지 않는 부품들이 있다. 그러나 이러한 것들도 어느 정도 일정한 규칙에 의한 것으로 익숙해지면 별로 문제가 되지 않는다.

또한, 최근에는 마이크로컴퓨터 등 회로에 많이 사용하는데 이러한 것들은 내부에 소프트웨어가 내장되어 있어서 회로도만으로는 동작이나 기능을 완전히 이해할 수 없다. 따라서 내장된 프로그램을 이해하지 못하면 동작이나 기능을 완전히 알 수 없다.

(1) 배치나 배선 관련

회로도에 표시되지 않았지만 실제로 조립할 때 주의해야 할 점들이 있으며, 이러한 것들은 대부분 경험이나 관행에 따른 노하우로 되어 있다.

1) 전원 및 그라운드의 접속

전원이나 그라운드 기호로 종단되어 있는 배선은 동일한 기호로 되어 있는 것들끼리 전부 접속되어 있다고 간주한다.

2) 디지털 IC의 전원 및 그라운드

예를 들어 디지털 IC의 14핀이나 16핀 등과 같이 표준 DIP형의 IC는 전원과 그라운드 핀이 정해져 있기 때문에 회로도에 표시를 생략한 것이 많이 있으며, 이러한 것들은 배선이나 프린트 기판 제작시 빠뜨리지 않도록 해야 한다.

3) 실장 레이아웃이나 배선의 방법

특히 짧게 배선해야 하거나 굵은 선재를 사용할 필요가 있어도 회로도에 그것들이 명기되지 않는 경우가 많다. 특히 고성능 오디오와 같은 것에 이러한 경우가 많으며, 이것들은 경험을 통해서 배우는 것 말고 다른 방법이 거의 없다. 또한 고주파 회로에서는 배치나 배선 루트에 따라 이상 발진하는 경우도 있으며, 이러한 것도 노하우로 경험에 의해 배우는 방법밖에 없다.

4) 부품의 종류

대부분의 경우 저항이나 콘덴서를 어떠한 종류를 써야 하는지 지정되어 있지 않는 경우가 많으며, 주변 회로의 특성에 따라 어떤 종류의 부품을 사용할 것인지를 결정해야 한다.

(2) 기구 부품 관련

케이스와 같이 조립할 때 필요해지는 기구에 관련된 부품은 대부분 명기되지 않는다.

1) IC 등의 소켓

IC 등 실제로 실장할 때는 소켓을 사용할 때가 많이 있지만 이러한 것은 회로도에 표시되지 않는다.

2) 케이스 등의 기구 부품

케이스나 방열판과 같이 많은 기구 부품은 회로도에 표시되지 않는 경우가 많다.

(3) 기능이나 타이밍 관련

실제 동작이나 신호의 타이밍에 관한 것은 회로도에 그려지지 않는다.

1) 신호의 동작 타이밍

경우에 따라서 회로도에 타임 차트가 함께 그려지는 경우도 있지만 통상 그려져 있지 않기 때문에 이것을 회로도로부터 판독해야 한다.

2) IC의 기능이나 동작

특히 최근의 LSI는 회로도를 보는 것만으로 동작을 이해하는 것이 불가능하며, 이것은 LSI의 설명서를 통해서 기능을 이해한 다음 회로도를 판독하여야 한다.

4-2 전자회로의 구성 및 배선방법

일반적으로 복잡한 전자회로도는 몇 개의 블록으로 구성되어 있으며, 블록은 몇 개의 모듈로 구성되어 있다. 각 모듈들은 잘 알려진 기본적인 템플릿이 있으며 그것들에서 저항값을 바꾼다든지 해서 자신의 회로에 맞도록 하면 의외로 간단하게 회로를 설계할 수 있다.

1 전자회로의 연결

전자회로는 한 개의 부품만으로는 만들 수 없고 많은 부품으로 만들어지고 있다. 이러한 부품들은 서로 정보를 교환하는 방법에는 정보를 전류의 전달과 전압의 전달이 있다. 모듈 간 정보의 전달은 대부분 전압으로 이루어지고, 모듈 내 부품간의 정보교환은 전압 또는 전류일 수도 있다.

2 전자회로의 기본법칙

상당히 많은 법칙들이 있으나 실제로 필요한 법칙은 불과 몇 안 된다. 옴의 법칙, 키르히호프의 법칙과 같은 기본적인 법칙들만 잘 이해하고 활용해도 훌륭한 전자회로를 설계하고 만들 수 있다.

3 회로도면의 설계

회로도면은 단위 기능을 가지는 회로 블록이나 장치들을 조합하여 구성하는 경우가 대부분이다. 또, 이들 사이에는 전기적인 교류가 빈번히 이루어지는 것이 특징이다. 전자기기는 제작공정에서 배선작업이 차지하는 비중이 매우 높다. 따라서, 회로도는 접속이나 배선은 물론 설계된 내용을 간단 명료하게 표현해야 한다.

(1) 블록도

전자응용 기기의 전체적인 동작이나 기능은 계통도로 그리는 경우가 많다. 이 계통도를 블록 다이어그램 또는 간단히 블록도라고 한다.

(2) 회로도

회로도는 전자기기를 구성하고 있는 부품을 정해진 기호로 표현함으로써 기술의 보존 및 전달이 쉽도록 한 도면이다. 회로도는 일반적으로 기능이 다른 여러 전자회로의 요소가 모여 하나의 완전한 회로를 구성하므로, 정해진 기호로 명확하면서 간결하며, 전체적인 배치와 균형이 유지되도록 그려야 한다.

회로도에는 부품 요소가 상세히 표현되지만 IC 소켓, 방열기, 기판의 정전용량, 배선의 저항 등과 같이 일부의 요소는 표현되지 않는 경우도 있다.

회로도를 작성할 때 고려해야 할 사항은 다음과 같다.

① 신호의 흐름은 도면의 왼쪽에서 오른쪽으로, 위에서 아래로 그린다.
② 회로도 기호와 접속선의 굵기는 원칙적으로 같게 하며 0.3~0.5[mm] 정도로 한다.
③ 주 회로와 보조 회로가 있는 경우에는 주 회로를 중심으로 그린다.
④ 보조 회로는 주 회로의 바깥쪽에, 전원 회로는 맨 아래에 그린다.
⑤ 대칭으로 동작하는 회로는 접지를 기준하여 대칭되게 그린다.
⑥ 접지선 등을 굵게 표현하는 경우의 실선은 0.5~0.8[mm] 정도로 한다.
⑦ 도면은 IC, 트랜지스터, 특수 반도체, 표시장치 등의 주요 능동소자를 중심으로 그린다.
⑧ 대각선과 곡선은 가급적 피한다.
⑨ 선과 선이 전기적으로 접속되는 곳에는 '•' 표시를 한다.
⑩ 물리적인 관련이나 연결이 있는 부품 사이는 파선으로 나타낸다.
⑪ 선의 교차가 적고 부품이 도면 전체에 골고루 분포되도록 그린다.

(3) 전원 회로도

전자회로는 대부분 직류를 전원으로 사용하고 있으며, 출력전압을 전기적으로 일정하게 유지시키는 안정화 전원이 대부분이다.

4 전자회로의 배선방법과 색별 적용

[그림 4-3]과 같은 회로를 구성하고자 할 때 회로에 사용되는 배선을 〈표 4-3〉와 같이 사용하면 회로점검이나 고장수리를 할 때 알아보기가 편리하다.

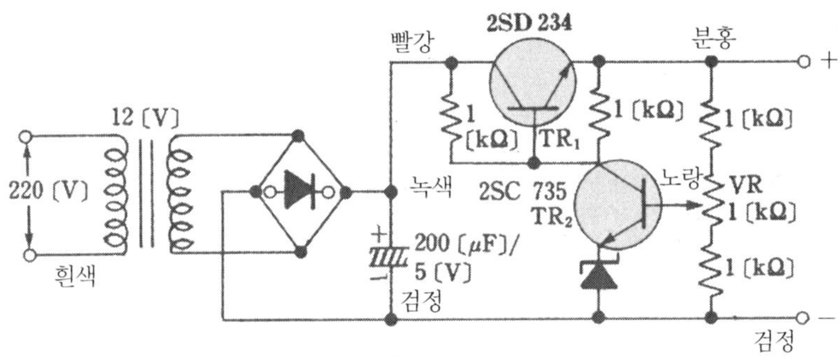

[그림 4-3]

〈표 4-3〉 배선의 색별과 적용 회로의 실례

색별	지정회로	실 례		
		전원회로 및 신호 회로		그 밖의 예
검정	접지회로	교류회로(접지)		접지회로
빨강	정(+)회로, 컬렉터 회로	교류회로		정(+)회로
노랑	베이스 회로, 제어 그리드 회로	전압제어회로	모니터 회로	베이스 회로, 신호회로
파랑	램프 회로, 히터 회로	교류회로		히터 회로
흰색	교류입력회로, 그 밖의 회로	교류회로	동기회로	교류회로
갈색	정(+)회로	일반 교류회로	수직회로	컬렉터 회로, 정(+)회로
등색	정(+)회로		수평회로	정(+)회로
녹색	이미터 회로	계기회로	귀선소거회로	이미터 회로, 신호회로
자주	부(−)회로			부(−)회로
회색				교류회로
하늘색			직류신호회로	
분홍		정(+)회로		

5 배선시 주의사항

(1) 배선의 순서

일반적으로 배선은 정해진 순서에 따라 배선하면 작업이 쉽고 정확하게 된다. 원칙적으로 리드선만으로 끝나는 배선부터 한다. 프린트 기판에 하는 배선은 거의 필요성이 없다.

(2) 부품의 표시값이 잘 보이게 한다

저항이나 콘덴서 등에 배선을 먼저 하면 부품 등에 기록된 정격표시가 보이지 않게 된다. 모든 부품의 기호나 글씨가 잘 보이도록 배선하는 것이 중요하다.

(3) 입체 배선을 피한다

부품들이 입체적으로 장착되면 내부에 위치한 것은 정격표시가 잘 보이지 않게 되고, 필요한 부품의 교환, 콘덴서와 저항의 조정 등을 하고자 할 때 작업하기가 힘들기 때문이다.

(4) 절연에 주의한다

일반적으로 콘덴서의 리드선은 절연되어 있고, 저항의 리드선은 도금처리가 되어 있을 뿐이므로 다른 부품이나 섀시 등에 닿으면 합선의 원인이 된다. 또한 부품이 흔들리게 배선해서도 안 된다.

(5) 배선은 짧고 직선적으로 한다

입력과 출력이 근접하면 발진이 일어나기 쉬우며, 신호선에 교류전류가 흐르는 전선이 근접하면 잡음이 생기는 원인이 된다. 그러므로 이렇게 되지 않는 범위에서 모든 배선은 가장 짧고 직선으로 해야 한다. 특히, 고주파 회로에서는 배선의 길이가 길어지면 코일과 콘덴서의 성분이 생성하게 되므로 배선의 길이는 가능한 짧게 하는 것이 효율적이다.

4-3 기판 조립과 브레드 보드 사용법

전자기기에 사용되는 전자회로를 구성하도록 얇은 도체의 절연판에 붙여 제작한 것을 인쇄회로기판(PCB : Printed Circuit Board)이라 한다.

PCB 위에 전자회로 부품을 부착시킨 다음 납땜하여 회로를 구성할 수 있으며, 회로의 특성을 측정할 때 사용되는 브레드 보드(bread board)와 직접 납땜하여 완성된 회로를 제작할 때 사용되는 만능기판(universal board)으로 분류된다.

(1) 브레드 보드

브레드 보드는 회로의 개발 또는 원형판(prototype version)을 위하여 사용하는 기판으로 전원선으로 사용되는 버스 스트립(bus strip)과 부품을 부착시켜 배치하는 데 사용되는 소켓 스트립(socket strip)으로 구성되어 있다. 보드의 크기는 다양하므로 실험회로에 적합한 크기의 브레드 보드를 골라서 사용한다.

1) 브레드 보드 사용방법

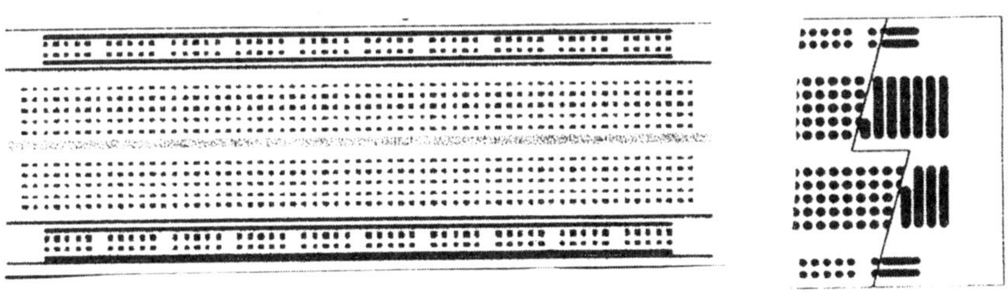

(a) 외형 (b) 내부 구조

[그림 4-4] 브레드 보드

브레드 보드는 적색과 파란색, 흑색 글씨로 이루어진 구멍이 있는 데 적색과 파란색 표시 구멍에 같은 줄은 모두 연결되어 있고, 흑색 표시 구멍은 5개씩 연결된 상태에서 독립되어 있다. 사용방법은 다음과 같다.

① 브레드 보드의 구멍은 각 부품을 꽂아 사용하는 데 알맞도록 가로×세로가 1[mm]×1[mm]이며, 배선은 양끝의 절연 피복을 3~5[mm] 정도 벗겨내어 사용한다.
② [그림 4-4]에서 버스 스트립은 가로줄은 전류가 통하고, 세로줄은 전류가 통하지 않는다. 일반적으로 적색은 (+), 파란색은 (−)로 접속하여 사용한다.

③ 소켓 스트립은 수직으로 5개의 구멍이 연결되어 전류가 통하고, 수평으로는 전류가 통하지 않는다.

④ 부품은 라디오 펜치(롱노즈플라이어)를 이용하여 기판 깊숙이 꽂는데, 부품을 먼저 꽂고, 연결선은 나중에 회로도를 하나하나 따라가며 연결한다.

⑤ 부품과 부품 사이는 연결선을 이용함이 원칙이며, 보드 전체를 넓게 골고루 이용하여 부품이 한쪽으로만 치우치지 않도록 구성한다.

⑥ 중앙 부분의 중심선을 따라서 세로로 부품을 부착시킬 수 있으며, 접점의 간격은 일반적인 IC 등의 핀들이 간격과 일치하므로 중앙선에 IC 등을 꽂아서 실험할 수 있다.

⑦ 회로가 완성되어 동작시킨 뒤에 부품과 연결선은 제자리에 모아둔다.

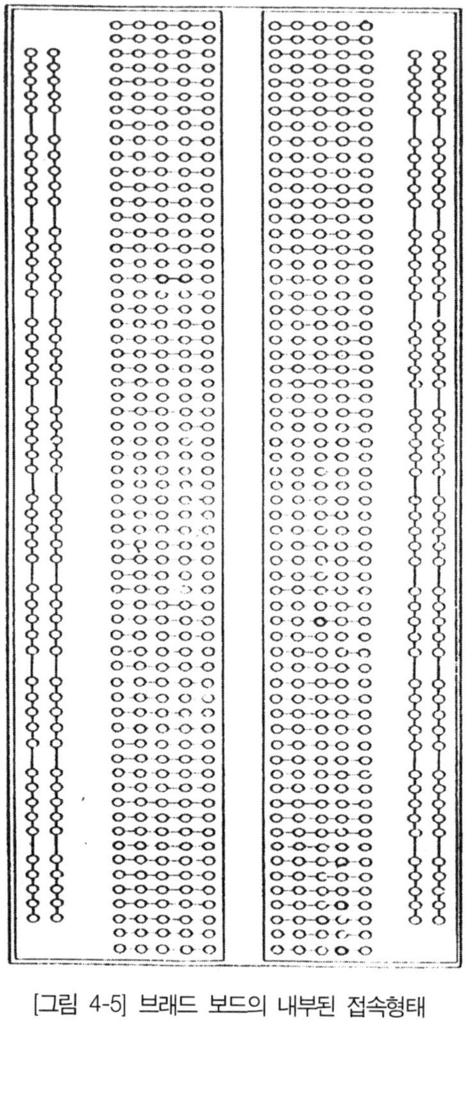

[그림 4-5] 브래드 보드의 내부된 접속형태

(2) 만능기판

만능기판은 부품을 끼울 수 있는 앞면(또는 부품면)과 실제 납땜을 할 수 있는 뒷면(또는 동박면)으로 구성되어 있다.

기판 구멍의 크기와 간격에 따라 집적회로용과 트랜지스터용 및 커넥터용이 있다.

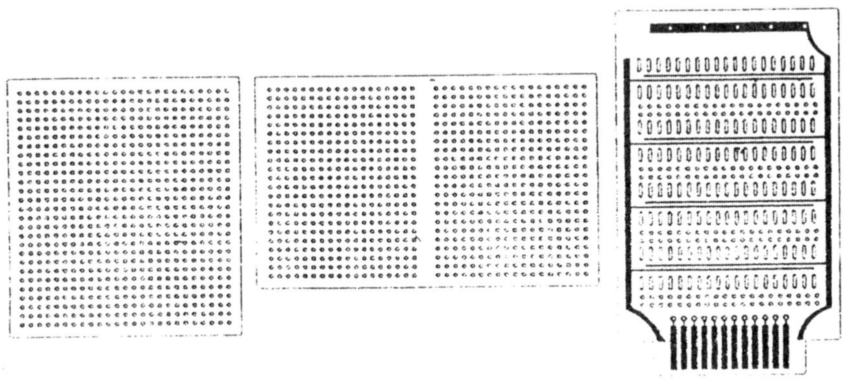

(a) 집적회로용 (b) 트랜지스터용 (c) 커넥터용

[그림 4-6] 만능기판의 종류

(3) 패턴도

패턴도란 실습할 회로도를 보고 기판 위에 부품이 안정감 있고, 균형을 이루도록 배치를 하여 그리는 것으로 부품면(component side pattern)으로 그리는 방법과 실제 납땜할 면인 동박면(soldering side pattern)으로 그리는 방법이 있다.

일반적으로 회로의 접점이나 측정시에 편리하도록 동박면으로 그린 패턴도를 많이 이용된다. 배선은 될 수 있는 대로 교차(jumper)되지 않도록 하고, 직선과 직각 배치를 하며, 배선에 교차가 발생할 때는 피복을 입혀 기판 위의 부품면에서 연결한다.

배선의 길이는 가능한 짧게 하여 납땜할 부분을 줄임으로써 오동작과 잡음을 줄일 수 있다.

1) 패턴도 작성시 유의사항

① 입력과 출력간의 간섭을 피하도록 한다.

② 배선의 교차가 될 수 있는 대로 없도록 한다.
③ 기판 전체에 균형과 안정감이 있게 배치한다.
④ 부품을 기판의 배선 단자 및 커넥터 단자에 대해 직각 또는 평형으로 배치한다.
⑤ 가변 저항기, 스위치 등은 기판의 가공을 고려하여 배치한다.
⑥ 외부단자는 기판 위 가장자리에 위치하도록 한다.
⑦ 집적회로 등의 소켓을 사용할 때에는 소켓의 크기와 면적을 고려하여 배치한다.
⑧ 집적회로 커넥터 기판의 경우에는 외부 단자를 규정에 맞게 사용한다.

2) 부품 배치시 유의사항

① 연관성이 있고, 균형이 잡히도록 배치한다.
② 기판의 크기를 고려하여 부품의 배치도를 방안지에 미리 작성하여 본다.
③ 부피가 큰 부품부터 배치한다.
④ 입력과 출력은 격리시켜 배치하고 리드선을 구분한다.
⑤ 저항의 색띠는 같은 방향으로 한다.
⑥ 점프선이 생기지 않도록 한다.
⑦ 기판 전체를 활용하도록 한다.
⑧ 부품의 리드가 꼬이지 않고, 직선적으로 꽂히도록 한다.
⑨ 외부단자로 연결되는 단자는 기판 가장자리 동박면에서 볼 때 회로도와 같도록 한다.
⑩ 부품의 높이가 일정하도록 한다.
⑪ 집적회로 소켓을 이용할 때는 지표점을 확인하여 배치한다.

3) 패턴도의 실례

[그림 4-7](a)는 회로도이며, 이에 대한 패턴도는 [그림 4-7](b)와 같이 그릴 수 있다.

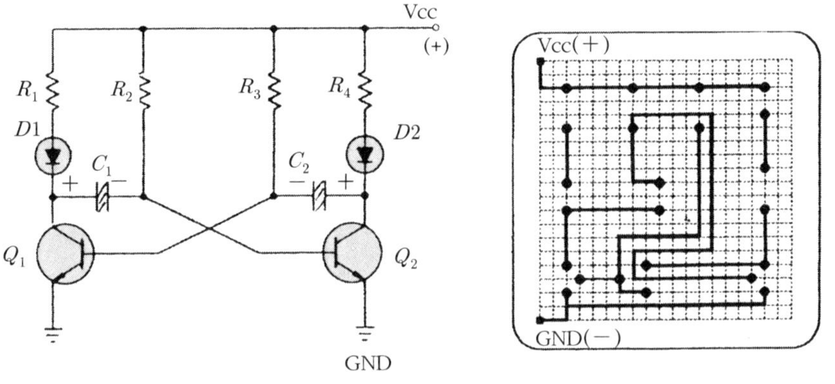

(a) 회로도 (b) 패턴도의 예

[그림 4-7] 회로도와 패턴도

제5장

직류전원공급기 및 회로시험기

5-1 직류전원공급기

모든 전원공급기(power supply)에는 내부저항이 있으며, 내부저항이 큰 경우에는 부하값의 변화에 따라 출력전압이 크게 변화한다. 따라서 보통 실험실에서 사용하는 직류전원공급기(DC power supply)는 정전압의 안정화 전원공급기를 사용함으로써 부하가 변화하더라도 출력전압이 거의 변화하지 않도록 하고 있다.

1 각 부의 명칭과 기능

가장 보편적으로 많이 사용되는 직류전원공급기의 전면부는 [그림 5-1]과 같으며 각 부의 명칭과 기능은 다음과 같다.

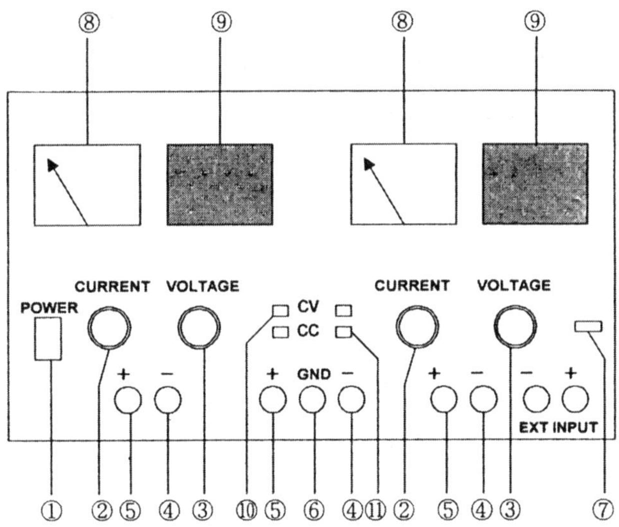

[그림 5-1] 직류전원공급기

① 전원스위치 : ON하였을 때 전원이 공급된다.
② 전류조절 손잡이 : 우측 끝에 두면 3[A]까지의 출력이 가능하고 3[A] 이상이면 보호회로가 작용하여 출력이 제한된다. 손잡이를 중간에 두면 1.5[A]의 출력이 가능하다.
③ 전압조절 손잡이 : 좌측 끝은 0[V], 우측으로 돌릴수록 높은 전압이 된다.
④ (−)단자 : 부(−)극 출력단자이다.
⑤ (+)단자 : 정(+)극 출력단자이다.

⑥ GND 단자 : 접지단자로 어스에 접지하여 사용한다.
⑦ INT, EXT 스위치 : 내부 및 외부의 전압을 측정하는 스위치이다.
⑧ 전류계 : 출력되는 전류의 양을 나타낸다.
⑨ 전압계 : 출력되는 전압의 양을 나타낸다.
⑩ CV LED : 녹색의 발광 다이오드(LED : Light Emitting Diode)로서 정전압을 표시하며 항상 녹색으로 발광된다.
⑪ CC LED : 적색의 발광 다이오드로서 정전류를 표시하며, 적색으로 발광되면 공급되는 전류의 양이 충분하지 않은 것을 나타내므로 발광되지 않도록 ②번의 손잡이를 조정하여야 한다.

2 사용방법

(1) 부하를 연결하지 않는 상태에서 먼저 필요한 전압을 설정한다.
(2) 부하에 공급될 전류를 예상하고 다소 넉넉하게 전류 손잡이를 조절하여 과전류시 기기파손의 사고를 줄인다.
(3) 전원 스위치를 끄고 부하를 접속한 다음 전원 스위치를 켠다.
(4) 만약 필요한 전압이 30[V]를 넘는 경우 두 채널을 [그림 5-2]와 같이 직렬로 연결하여 60[V]까지 전압을 얻을 수 있다. 이 경우 전류값을 비슷하게 유지해 주는 것이 좋다.

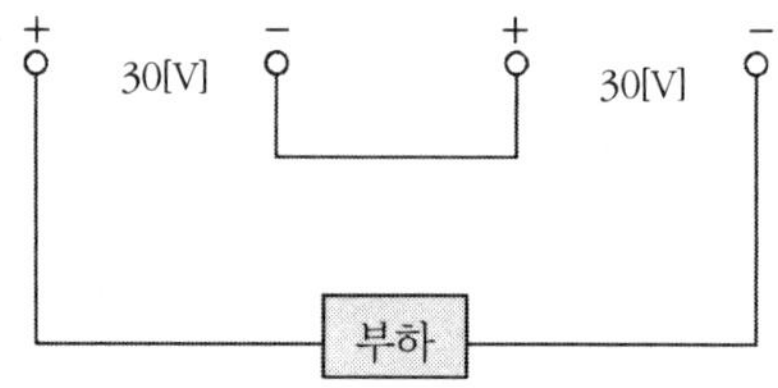

[그림 5-2] 전원의 직렬연결

5-2 아날로그 회로시험기

아날로그 회로시험기(analog circuit tester)는 전환 선택 스위치를 돌려서 직류 전압, 직류전류, 교류전압 및 저항 등을 측정할 수 있는 기본 계측기로서 멀티미터(multi-meter), VOM(Volt Ohm Meter) 간단히 테스터(tester)라고도 한다.

여러 가지 전기 · 전자기구와 제품을 점검하고 수리하는 데는 물론, 실험을 하는데 꼭 필요한 계측기이다.

일반적으로 아날로그 회로시험기의 내부에는 가동 코일형 전류계를 기본 지시계로 하여 병렬저항(분류기)을 적절히 조합하여 2.5[mA]의 전류측정 범위(range)를 가지며, 직렬저항(배율기)을 단계별로 높여 달아서 2.5[V], 10[V], 50[V], 250[V], 1,000[V]의 전압 레인지를 가진다.

또한 저항을 측정하기 위해서 내부에 전지와 가변저항기 등이 장치되어 있으며, 계기의 눈금판(scale plate)에는 전압, 전류 및 저항에 대한 여러 가지 눈금이 그려져 있으며, 이 눈금의 선택은 전환 선택 스위치(rotary selector switch)에 의해 선택된 규격에 대응된다.

1 각 부의 명칭과 기능

가장 보편적으로 많이 사용되는 회로시험기의 구조는 [그림 5-3]과 같으며, 각 부별 명칭과 기능은 다음과 같다.

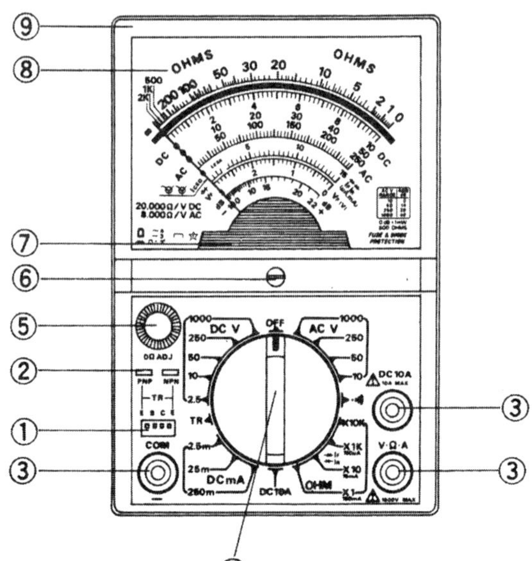

[그림 5-3] 아날로그 회로시험기 구조

① 트랜지스터 검사단자
② 트랜지스터 판정 지시장치
③ 입력단자 : 측정 리드 접속용
④ 선택 스위치 : 측정 레인지를 선택하는 로터리 스위치로서 사용하지 않을 때는 OFF에 둔다.
⑤ "0"옴 조정기 : 옴 미터 또는 측정 전에 '지침이 옴 눈금의 "0"점에 정확히 오도록 조절해야 한다.
⑥ 바늘조정나사 : 측정전 바늘이 왼쪽 끝, 영점 라인에 오도록 일자 드라이버로 조절한다.
⑦ 내자형 가동코일형 미터 : 고감도, 고직선성 및 1[%] 미만의 정밀도이다.
⑧ 눈금판
⑨ 케이스

2 사용시 유의사항

(1) 기계적인 진동이나 충격을 주지 않는다.
(2) 강력한 자계가 있는 곳은 측정시 오차가 발생할 수 있으므로 피한다.
(3) 바늘의 움직임이 편하도록 수평으로 놓고, 적색 리드선은 (+)단자에 흑색 리드선은 (−)단자에 꽂는다.
(4) 측정하기 전에 바늘이 "0"의 눈금에 맞추어져 있는지 확인하고, 맞추어져 있지 않으면 "바늘조정나사"로 정확히 맞춘다.
(5) 측정물에 시험막대(리드선)를 댄 채로 선택 스위치를 돌리면 과격한 전류나 전압에 의해 회로시험기가 파손되기 쉽다.
(6) 만일, 선택 스위치를 저항 레인지에 놓고 전압을 측정하는 경우, 직류전류 레인지에 놓고 전압을 측정하는 경우 직류전압 레인지에 놓고 교류전압을 측정하는 실수를 하여 회로기가 작동되지 않을 때는 케이스를 열고 퓨즈(fuse)를 확인하고 끊어졌으면 같은 규격으로 교체하여야 한다.
(7) 사용하지 않을 때에는 회로시험기의 전원을 끈다(측정 레인지 선택 스위치를 OFF에 둔다).

3 측정의 실제

(1) 저항측정

저항기(resistor)는 전류의 흐름을 억제하는 기능을 가지며 속칭 저항이라고 하며 약어는 R, 기호는 ○─WW─○, 단위는 옴(ohm, [Ω])을 사용한다. 저항의 측정에 대해서 알아보면 다음과 같다.

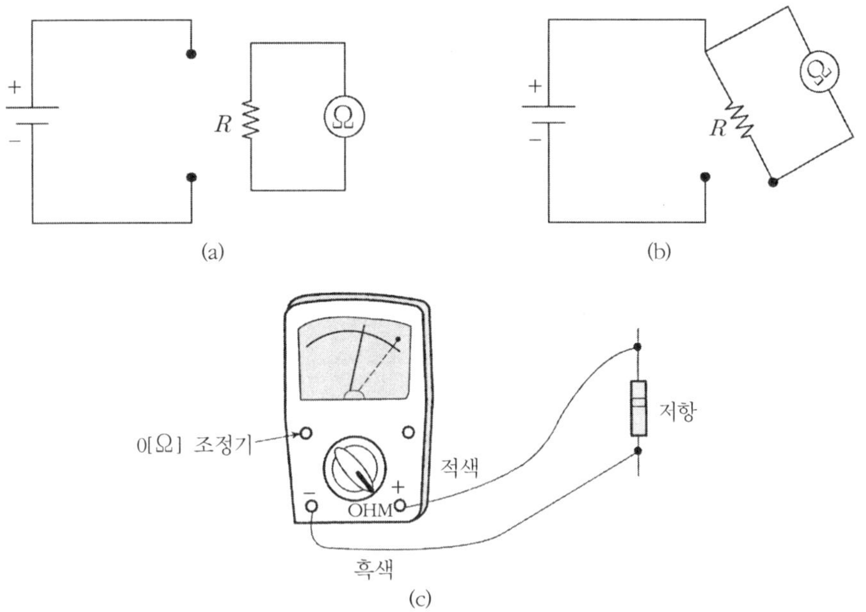

[그림 5-4] 저항측정

1) 기계적 영점을 조정한다(작업시작 무렵, 하루에 한 번 정도).
2) 임의의 OHM 레인지를 선택한다(중간, ×1[kΩ]).
3) 리드선끼리 접속하여 0[Ω]이 되게 영점 조정기를 조절한다.
4) 측정할 회로의 전원을 제거하고 [그림 5-4]와 같이 결선한다.
5) 눈금값과 레인지의 배율을 곱하여 저항값을 얻는다.
6) 바늘(지침)이 스케일의 양쪽 끝에 치우치면 오차가 커지므로 레인지를 조정한다.
7) 0[Ω] 조정은 레인지를 바꿀 때마다 반드시 한다.
8) 0[Ω] 조정을 하여도 0[Ω]을 지시하지 않을 경우에는 회로기 내부의 건전지 전압이 부족하므로 새로운 건전지로 교환한다.

예제 5-1

어떤 저항을 1[kΩ]의 측정 레인지에서 측정하였더니 지침이 10을 지시하였다. 저항값은 얼마인가?

풀이 $R = 1 \times 10 = 10$[kΩ]

(2) 직류전압 측정

1) 직류전압은 보통 2.5～1,000[V] 레인지까지 4～5단으로 구성되어 있다.
2) 레인지 스위치의 손잡이를 돌려 DC V 레인지에 맞춘다.
3) 측정할 전압값을 잘 모를 때 높은 전압 레인지에서 먼저 확인해 보고 낮은 전압 레인지로 옮겨가는 것이 안전하다.
4) 적색 리드봉을 (+)극에, 흑색 리드봉을 (−)극에 접속하고, 측정할 단자의 극성을 맞추고 [그림 5-5]와 같이 병렬로 연결하고 측정한다.
5) DC 눈금판을 레인지 숫자에 맞추어 읽는다.

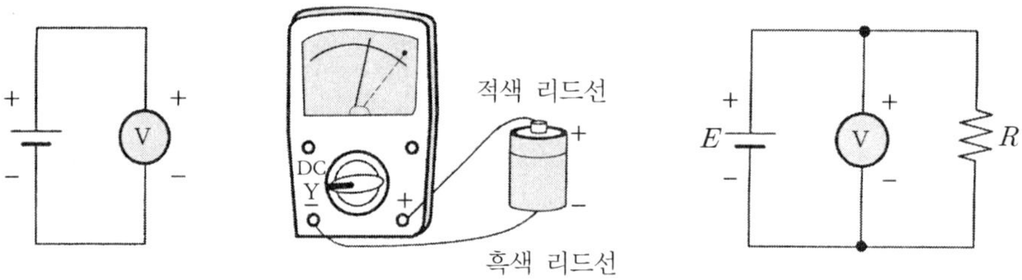

[그림 5-5] 전압측정

예제 5-2

(1) 측정 레인지를 DC 250에 놓고 어떤 전압을 측정하였더니 최고값 25눈금에서 지침이 15를 지시하였으면 전압은 몇 [V]인가?
(2) 주위에 있는 건전지의 전압을 측정하여라.
(3) 직류전원공급기에서 0, 10, 20, 25[V] 및 30[V]의 전압을 단계적으로 설정하고 회로시험기로 확인하여라.

풀이 (1) 지시값×배수 $= 15 \times 10 = 150$[V]

(2) 최고값 눈금을 변화해보면서 배율과 지시값을 확인한다.

(3) 교류전압 측정

1) 교류전압은 보통 10~1,000[V]까지의 4개 레인지로 되어 있다.
2) 레인지 스위치의 손잡이를 돌려 AC 전압 레인지에 맞춘다.
3) 값이 미지인 경우 최고 레인지부터 측정한다.
4) 리드봉은 극성에 관계없이 측정할 부하에 병렬로 연결하고 측정한다(교류전압은 실효값).

예제 5-3

(1) 측정 레인지를 AC 1,000에 놓고 어떤 교류전압을 측정하였더니 최고값 10의 눈금에서 지침이 8을 지시하였다. 실효값 전압은 몇 [V]인가?
(2) 실험실에 있는 110[V]와 220[V]의 콘센트 전압을 측정하고 백분율오차를 계산하여라.

풀이 지시값×배수=8×100=800[V]

(4) 직류전류 측정

1) 직류전류는 보통 2.5, 25, 250[mA], 그리고 10[A]의 4개의 측정 레인지가 있고 기종에 따라 50[μA]까지 측정 가능한 레인지도 있다.
2) 10[A]까지를 측정할 때는 별도로 지정한 단자를 사용해야 한다.
3) 값이 미지인 경우 최고 레인지부터 측정한다.
4) 리드봉은 극성에 주의하여 [그림 5-6]과 같이 부하와 직렬로 연결하여 측정한다.
5) 지시눈금은 직류전압 DC 눈금과 같다.
6) 전류계 레인지에서 전압을 측정하는 경우 즉시 회로기가 파손되는 위험이 있으므로 신중을 기하여야 한다.
7) 교류전류의 직접 측정은 불가능하므로 저항을 사용한 간접측정법을 사용하여야 한다(전류측정 지점을 끊고 1[Ω]의 저항을 삽입하면 이곳 양단의 전압은 $V=RI=I$ 로써 전압측정은 전류값이 된다).

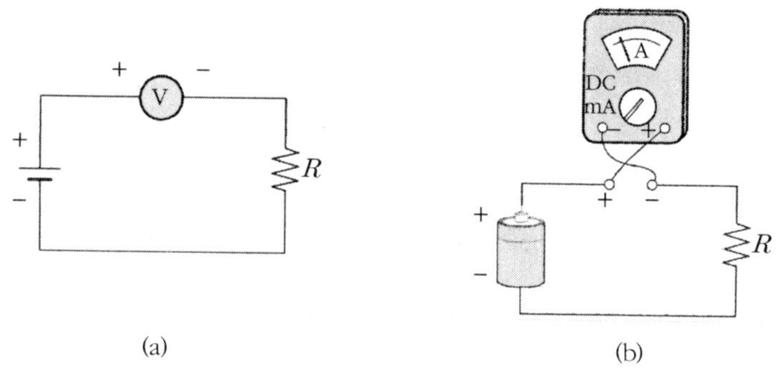

[그림 5-6] 직류전류 측정

예제 5-4

측정 레인지를 DC mA에 25[mA]에 놓고 어떤 직류전류를 측정하였더니 최고값 250의 눈금에서 지침이 50을 지시하였다. 전류는 몇 [A]인가?

풀이 지시값×배수=50×0.1=5[mA]

5-3 디지털 회로시험기

디지털 회로시험기(digital circuit tester)는 내부의 전압, 전류원을 이용하여 외부의 직류전압, 교류전압, 직류전류, 교류전류 및 저항 등을 디지털로 측정하는 기기로서 모든 수치가 디지털로 표시되기 때문에 아날로그 회로시험기보다 사용방법이 편리하고 측정값이 정밀하며, 교류전류의 측정이 가능하다는 장점 때문에 널리 사용되고 있으며, 크기와 용도에 따라 탁상형과 휴대형이 있다.

1 탁상형 디지털 회로시험기

(1) 각 부의 명칭과 기능

가장 보편적으로 많이 사용되는 디지털 회로시험기의 구조는 [그림 5-7]과 같으며, 각 부의 명칭과 기능은 다음과 같다.

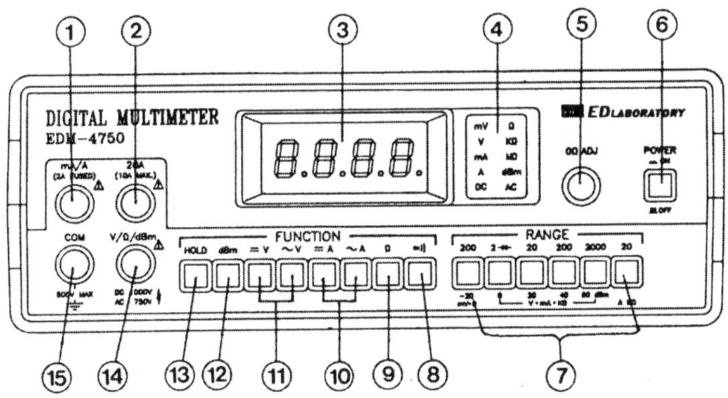

[그림 5-7] 디지털 회로시험기 구조

① mA/A : AC, DC 전류를 측정하는 단자로서 COM 단자와 함께 레인지 2[A] 이하에서 사용하는 입력단자이다.
② 20[A] : AC, DC 전류 2~20[A] 범위를 측정하기 위한 입력단자이다.
③ 표시창(display panel) : 측정값을 나타내는 LCD 패널
④ 단위 표시기(unit indicator) : 측정값의 단위를 나타낸다.

⑤ 0[Ω] ADJ : 0 ohm set를 위한 조정기
⑥ POWER : 전원을 on/off하는 스위치
⑦ RANGE : 전압/전류/저항측정 레인지 선택 스위치
⑧ CONTINUITY : continuity check 기능을 하며, 대략 200[Ω]보다 낮은 경우 버저(buzzer) 음을 내게 한다.
⑨ Ω : 저항측정 기능 버튼
⑩ ~A, =A : AC, DC 전류측정 기능선택 버튼
⑪ ~V, =V : AC, DC 전압측정 기능선택 버튼
⑫ dBm : AC 측정전압을 dBm으로 나타낸다.
⑬ HOLD : 측정값을 hold시키는 버튼
⑭ V/Ω/dBm : COM 단자와 함께 전압, 저항, 데시벨 측정을 위한 입력단자
⑮ COM : 전압, 전류, 저항측정의 input common 단자

(2) 사용방법

1) 장비의 전원을 on한다.
2) 측정하고자 하는 기능(function) 버튼을 누른다.
3) 레인지 버튼을 누른다.
4) 측정하고자 하는 기능에 맞는 입력 소켓, 즉 V/Ω 및 mA에 맞게 적색 리드선을 연결한다.
5) 흑색 리드선을 COM 입력 소켓에 연결한다.
6) 시험봉을 측정하고자 하는 소자에 연결하여 표시창(display panel)에 보여주는 값을 읽는다.

이 때 전압측정시는 시험기의 시험봉과 회로부품과는 병렬로 전류를 측정할 경우는 직렬로 연결하여야 한다.

2 휴대형 디지털 회로시험기

[그림 5-8]과 같은 일반적인 휴대형 디지털 회로시험기에서 저항, 전압, 전류 등의 전기적인 물리량의 측정방법을 알아본다.

(1) 저항측정

회로시험기의 단자연결은 흑색 리드선은 COM 단자, 적색 리드선은 VΩ 단자에 연결하고 회전식 기능선택 스위치를 Ω으로 선택한 다음 측정할 저항을 연결한다(회로에서 저항을 측정할 때에는 전원을 제거한 다음 리드선을 연결한다).

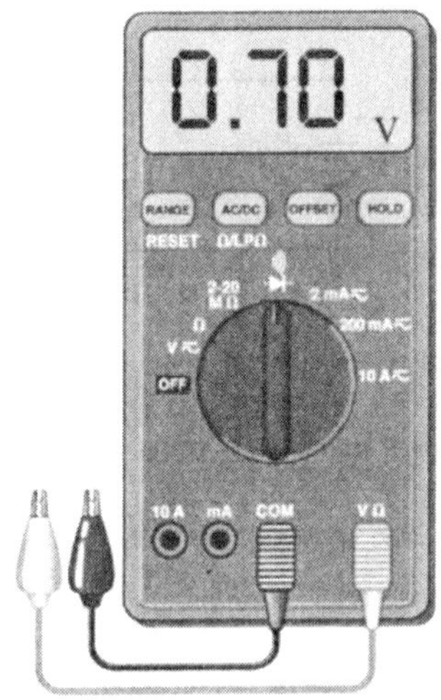

[그림 5-8] 휴대형 디지털 회로시험기

(2) 전압측정

단자를 연결할 때 흑색 리드선은 COM 단자, 적색 리드선은 VΩ 단자에 연결하고 기능선택 스위치를 측정할 전압에 따라 직류 또는 교류전압에 고정시킨다.

직류전압을 측정할 경우에는 극성에 유의하여 적색 리드선은 (+)극에 흑색 리드선은 (−)극에 측정할 단자의 극성에 맞추고, [그림 5-5]와 같이 병렬로 연결한 다음 전압을 측정한다.

(3) 전류측정

단자를 연결할 때 흑색 리드선은 COM 단자, 적색 리드선은 A·mA단자에 연결하고 기능선택 스위치를 측정할 직류 또는 교류전압에 고정시킨다.

측정할 때 리드선은 극성에 주의하여 [그림 5-6]과 같이 회로를 개방하고 부하와 직렬로 연결한 다음 측정한다.

제6장

오실로스코프와 신호발생기

6-1 오실로스코프 사용법

오실로스코프(oscilloscope)란 대단히 빠르게 진행되는 자연현상이나 과도현상 등의 물리적 신호를 전기적 신호로 변환하여 관측 등을 행하는 장치이다. 즉 시간적으로 변화하는 전기적 신호를 파형으로 브라운관에 묘사시켜 전기적 변화를 측정 분석하는 데 사용되는 계측기이다. [그림 6-1]은 아날로그 오실로스코프의 전면을 나타내었다.

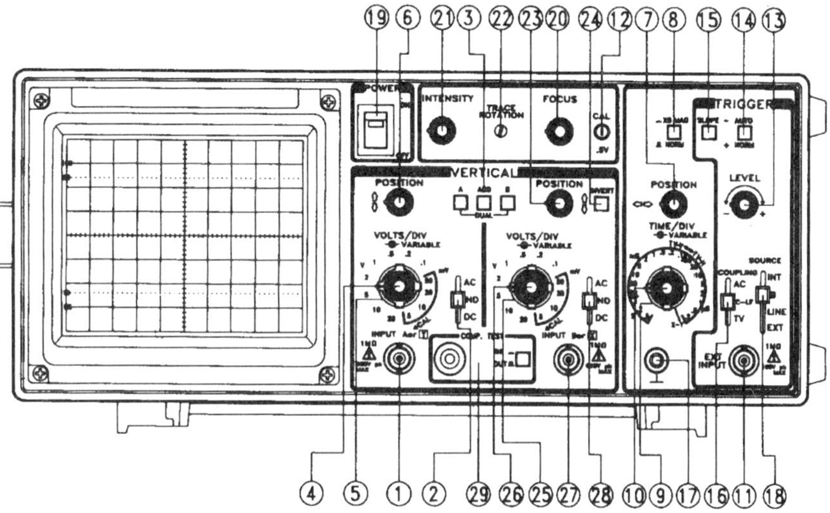

[그림 6-1] 오실로스코프의 전면

1 각 단자의 명칭과 기능

① ㉗ Vertical Input : CH-A, CH-B의 수직 입력단자

② ㉘ AC-GND-DC : CH-A, CH-B의 수직 입력선택 스위치(AC위치 : 입력신호 중 직류분은 차단, GND 위치 : 입력단자 개방)

③ MODE :

- A : CH-A의 파형 출력, B : CH-B의 파형 출력
- Dual : 0.5sec/DIV부터 1msec/DIV까지의 전자 레인지에 걸쳐 두 채널 모두 상호 교대로 출력
- ADD : CH-A와 CH-B의 두 신호가 합성(INVERT시는 SUB 모드)

- Variable : CH-B 수직 감쇠량을 연속가변 조정 손잡이

④ Volts/DIV Variable : CH-A, CH-B용 수직입력 연속가변 감쇠기 손잡이

- Volts/Div : CH-B의 수직 감쇠기

⑤ Volts/DIV : CH-A용 수직입력 감쇠기(0.5[mV]/DIV부터 20V/DIV까지 12개의 정량 레인지로 선택 사용)

⑥ Vertical Position : CH-B용 수직위치 조정자

- Vertical Position : CH-A, CH-B용 수직위치 조정 손잡이

⑦ Horizontal Position : 수평위치 조정 손잡이

⑧ X 5MAG : 스위치를 on했을 때 sweep time을 5배로 확대

⑨ SWEEP/TIME/DIV : 수평 소인시간 선택 손잡이(0.2[μs]/DIV로부터 0.5s/ DIV까지의 소인시간을 20개의 스탭으로 선택 또는 X-Y 선택)

⑩ Sweep TIME/DIV Variable : 수평 소인시간 연속가변 조정 손잡이

⑪ EXT TRIG : 외부 트리거링 입력신호단자

⑫ CAL : 스코프 자체 교정전압 출력단자(0.5Vp-p, 약 1[kHz]의 구형파)

⑬ Triggering Level : 트리거 신호 개시점을 정해주는 조정자

⑭ Auto/Norm 스위치 : 스위치를 누르면 자동 소인기능으로 전환되고 무입력 신호시에도 소인(sweep)은 자유구동(free running) 상태로 되어 CRT상에 휘선을 나타냄

⑮ Slope+ : 동기신호 경사(slope)의 극성을 선택

⑯ Coupling : 동기 모드 선택 스위치

- AC : 정상동작시, 이 모드에서는 동기신호가 동기회로에 직접 공급
- HF REJ : 저역통과 필터가 동기신호 중의 고주파분을 제거
- TV : TV 혹은 영상복합 신호를 용이하게 동기시킬 수 있으며 SEEP TIME/DIV으로 TV-V(50[μs]~0.1[ms]) 혹은 TV-H(50~0.2[μs])를 선택

⑰ GND : 접지단자

⑱ Source : 동기신호 선택 스위치, 파형의 정지 또는 트리거를 선택하는 단자

- INT : CH-A와 CH-B로 입력신호가 동기신호원
- CH-B : 트리거 동기신호가 CH-B로부터만 공급. 그러나 Single Channel시는 MODE에 의해 선택된 채널이 우선이 됨
- LINE : AC 전원 파형이 동기신호원으로 사용
- EXT : EXT TRIG 단자에 인입된 신호가 동기신호원

⑲ Power Switch : 전원을 켜거나 끄는 스위치

⑳ Focus : 휘선의 선명도를 위한 초점 조정자

㉑ Intensity : 휘선의 명암을 위해 파형의 밝기를 조정

㉒ Trace Rotator : 휘선이 기울어졌을 때 바른 위치로 조정

㉓ Inert : 스위치를 누르면 CH-B 수직극성이 전환

㉔ Component Test In : 시험하고자 하는 부품이나 부품의 리드선을 연결하는 단자

2 기본 측정

(1) 전원부와 화면조정

1) 〈표 6-1〉과 같이 단자와 손잡이를 조정한다.
2) 전원 스위치(power switch)를 켜고 약 15초~20초 동안 휘선이 나타날 때까지 기다린다.
3) 화면의 상을 선명하기 위해 Intensity, Focus, Position 등의 손잡이를 다시 조정한다.
4) CH-A의 수직 입력단자에 프로브의 BNC 커넥터, CAL 단자에 프로브 팁을 연결하면 화면에 구형파가 나타난다.
5) 출력파형의 주파수 1[kHz], 전압 0.5[V]을 확인하고, 틀리면 Volts/DIV Variable, Sweep Time/DIV Variabale를 다시 조정하여 교정값에 맞춘다. 예를 들면, [그림 6-2]의 출력파형에 대하여 주파수와 전압을 구해보자.

〈표 6-1〉 기본 교정의 단자와 손잡이 조정

단자 또는 손잡이	설정	단자 또는 손잡이	설정	단자 또는 손잡이	설정
Volts/DIV	0.5[V]	Intensity	중앙	Triger Mode	Auto
Time/DIV	0.5[m/s]	Focus	중앙	Source	INT
AC-GND-DC	DC	Position	중앙	Mode	CH1

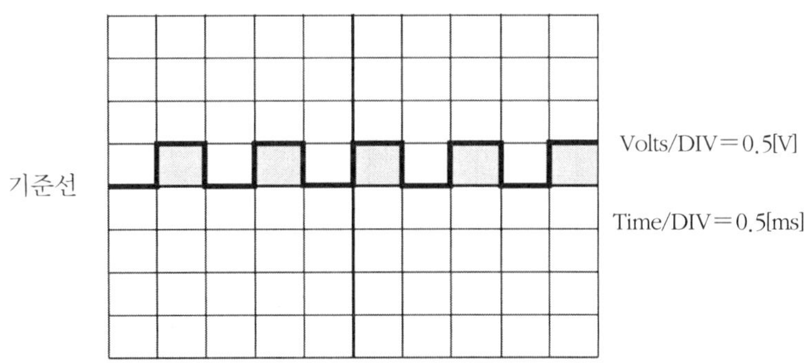

[그림 6-2] 오실로스코프의 CAL 출력파형

- 전압 V는 Volts/DIV 0.5[V]×수직축 1칸=0.5[V]
- 주기 T는 Time/DIV 0.5[ms]×수평축 2칸=1[ms]

따라서 주파수 $f=\frac{1}{T}=\frac{1}{1\times10^{-3}}=1\times10^{3}[\mathrm{Hz}]=1[\mathrm{kHz}]$

6) 교정이 완료되면 CAL 단자로부터 프로브를 떼어낸다.

(2) 전압측정

수직 이동거리와 Volts/DIV의 배율에서 전압을 계산한다.

1) 직류전압 : Volts/DIV의 배율×수직 이동거리(수직축의 칸 수)×프로브의 감쇠비
2) 교류전압 : Volts/DIV의 배율×진폭(수직축의 칸 수)×프로브의 감쇠비
3) 최대전압 : $V_p=\frac{V_{\mathrm{p-p}}}{2}$
4) 실효전압 : $V_s=\frac{V_p}{\sqrt{2}}=\frac{V_{\mathrm{p-p}}}{2\sqrt{2}}$

예를 들면, [그림 6-3]에서 Volts/DIV의 배율은 2[V/cm]이다. 직류전압과 교류전압을 구해보자. 단, 프로브의 감쇠비는 1 : 1이다.

- 직류전압 2.0[V]×3.5×1=7.0[V]
- 교류 최대전압 $V_p=\frac{2.0[\mathrm{V}]\times 6\text{칸}\times 1}{2}=\frac{12.0[\mathrm{V}]}{2}=6[\mathrm{V}]$
- 교류 신호전압 $V_s=\frac{V_p}{\sqrt{2}}=\frac{6}{\sqrt{2}}\fallingdotseq 4.2[\mathrm{V}]$

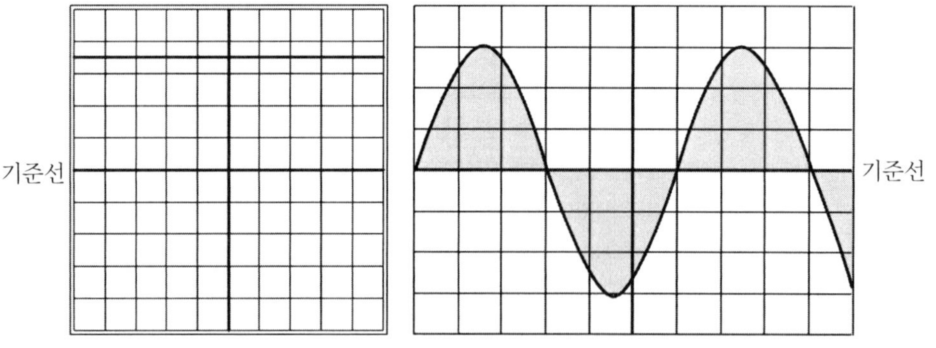

(a) 직류파형 (b) 교류파형

[그림 6-3] 직류 · 교류전압 파형측정

(3) 주기(T) 및 주파수(f) 측정

1) 오실로스코프의 기본 교정(CAL)을 한다.
2) Time/DIV와 수평거리의 배율로부터 미지의 주기를 측정한다.
3) 주기 T=Time/DIV의 배율×수평거리[cm]를 구한다.
4) 주파수 $f = \frac{1}{T}$[Hz]를 이용하여 구한다.

예를 들면, [그림 6-3](b)에서 주기 T와 주파수 f를 구해보자.

Time/DIV의 배율=2.0[ms], 수평거리는 6칸이므로 먼저

- 주기 $T = 6\text{DIV} \times 2.0[\text{ms/DIV}]$
  $= 2.0 \times 6 = 12[\text{ms}]$
- 주파수 $f = \frac{1}{T} = \frac{1}{12 \times 10^{-3}} \fallingdotseq 83[\text{Hz}]$

만약 스위치 × 5MAG를 on했을 때는 다음과 같이 구할 수 있다.

- 주기 $T = 2.0 \times 6 \times \frac{1}{5} = 2.4[\text{ms}]$
- 주파수 $f = \frac{1}{T} = \frac{1}{2.4 \times 10^{-3}} \fallingdotseq 417[\text{Hz}]$

3 리사쥬 도형을 이용한 주파수 및 위상차 측정

오실로스코프의 수직축 입력과 수평축 입력에 각각 같은 진폭의 신호전압을 인가한다. 수직측 입력에는 미지주파수의 신호를, 수평측 입력에는 주파수가 판독되는 사인파 발진기의 출력신호를 인가한다. 사인파 발진기의 주파수를 변화시켜 양쪽의 비가 정수가 되도록 하면 두 신호간의 주파수 및 위상차에 따른 리사쥬 도형(lissajous-figure)의 파형을 얻어 도형의 파형에 의해 두 신호간의 주파수비와 위상차를 구할 수 있다.

리사쥬 도형에 의해 미지의 신호주파수를 기지의 주파수로부터 다음의 관계식으로부터 구할 수 있다.

$$\frac{\text{미지 주파수}}{\text{기지 주파수}} = \frac{\text{수평입력 주파수}}{\text{수직입력 주파수}} = \frac{\text{수평선과의 교차점의 수}}{\text{수직선과의 교차점의 수}}$$

(1) 리사쥬 도형을 이용한 위상차 측정

1) Horizontal Mode를 X－Y로 설정한다.
2) X축(수평축) 입력을 Trigger Source or X로 선택되고 Y축(수직축) 입력은 Vertical Mode의 설정에 의해 CH 1, CH 2 및 Dual 모드로 사용하는 것이 가능하다.
3) 이때 수평축 확대 스위치(×5 MAG)와 BW Limit 스위치는 off로 설정한다.
4) 우선 두 신호의 리사쥬 파형이 1 : 1을 이루도록 한다. 이때 [그림 6-4]와 같이 되었을 경우 두 신호의 위상차 θ는 다음과 같이 된다.

$$\theta = \sin^{-1}\frac{B}{A} = \sin^{-1}\frac{B'}{A'}$$

예를 들어 A가 10칸, B가 5칸이 되면 위상차 θ는 다음과 같다.

$$\theta = \sin^{-1}\frac{5}{10} = 30^\circ$$

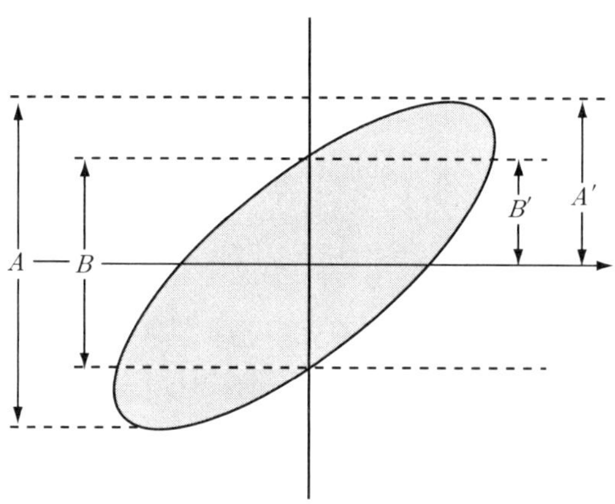

[그림 6-4] 위상차 측정

(2) 리사쥬 도형을 이용한 주파수 측정

리사쥬 파형은 사각형에 내접하게 되는데, 그 사각형의 수직면과 만나는 점의 수를 v, 수평면과 만나는 점의 수를 h라고 하면 두 신호의 주파수비는

$$\frac{f_x}{f_y} = \frac{v}{h}$$

의 관계를 가지게 되며, 이를 이용해서 주파수 f_y와 리사쥬 파형으로 미지의 주파수 f_x를 구할 수 있다.

[그림 6-5]와 같은 경우는 $v=6$, $h=4$이므로 $f_x = \frac{6}{4} f_y$ 로 계산할 수 있다.

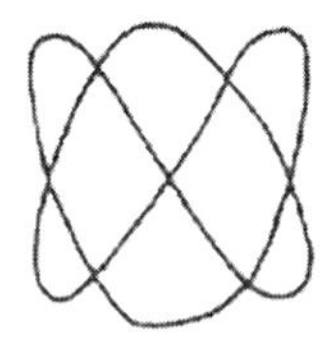

[그림 6-5] 리사쥬 도형

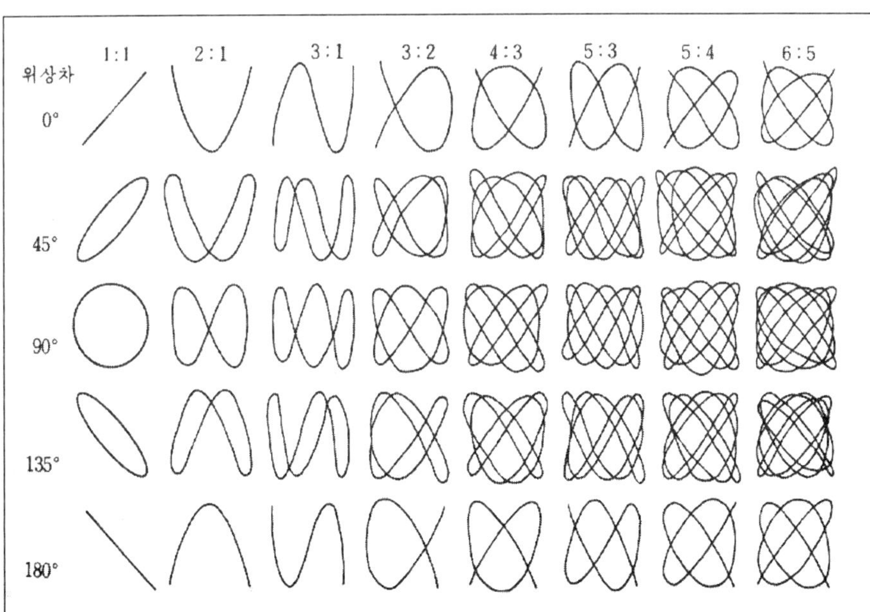

[그림 6-6] 위상차에 따른 리사쥬 파형

6-2 신호발생기

신호발생기(signal generator)는 선택된 주파수 범위 내에서 여러 형태의 파형을 발생할 수 있다. RF, FM, 표준신호, 패턴(pattern), 스위프(sweep), 펄스(pulse), 저주파(audio) 발생기 등이 있다. 한 개의 신호발생기로 모든 범위의 주파수와 모든 종류의 파형을 만들 수 없지만, 수 [Hz]부터 수천 [MHz] 범위의 주파수를 만들 수 있다. 발생파형으로는 사인파, 구형파, 톱니파 등이 있다.

신호발생기는 출력전압이 작고, 내부 임피던스 때문에 부하에 따른 변동이 심하므로 전원으로 사용하기에 부적합하다. 그러므로 측정과 실험을 위한 신호발생 목적의 신호원으로만 사용하여야 한다.

예를 들어 가청주파수 신호발생기는 수 [Hz]에서 20[kHz] 범위 내의 주파수를 발생시킨다. 사용시의 주의할 점은 다음과 같다.

(1) 신호발생기의 무부하시와 부하시의 출력전압의 차이가 크므로 반드시 부하에 연결한 후 출력전압을 조정한다.

(2) 신호발생기의 출력 주파수에 따라 출력전압이 변하므로 주파수 가변시 출력전압을 재조정하여야 한다.

1 저주파 발진기

저주파 발진기는 보통 20[Hz]~200[kHz] 정도의 가청 주파수를 발생시키는 신호발진기이고, 빈 브리지 방식의 발진방식을 많이 사용하며, 각종 오디오 회로의 특성 측정의 신호원으로 사용한다.

정현파 외에 구형파나 삼각파 등 파형이 다른 주파수를 만들기 위하여 파형 정형회로를 연결하여 만들며, 출력부에는 감쇠기를 붙여서 출력을 조절한다.

[그림 6-7]과 〈표 6-2〉는 저주파 발진기의 전면부와 기능들을 나타냈다.

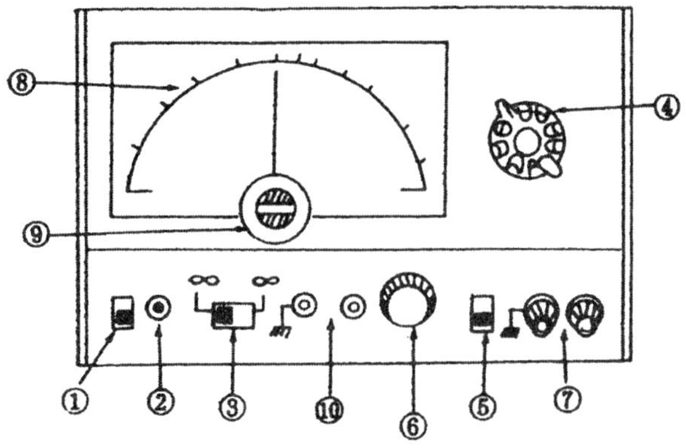

[그림 6-7] 저주파 발진기 전면부

〈표 6-2〉 저주파 발진기 전면부 기능

번호	기 능	번호	기 능
①	전원 스위치	②	전원표시등
③	정현파, 구형파 전환 스위치	④	주파수 밴드 전환 스위치
⑤	출력 감쇠기	⑥	가변 출력 감쇠기
⑦	출력단자	⑧	주파수 표시판
⑨	주파수 변환 손잡이	⑩	빈브리지 출력전압

2 고주파 발진기

고주파 발진기는 보통 200[kHz] 이상의 고주파 신호를 발생시키는 신호발진기이고, 저주파 신호(400[Hz]나 1[kHz])를 합성시킬 수 있다. 또한, 특정 주파수를 중심으로 일정한 대역을 하는 스위프 마커(sweep marker) 발진기, FM 스테레오 신호발진기, TV 영상신호를 발생시키는 패턴 발진기 등이 있다.

[그림 6-8]과 〈표 6-3〉은 고주파 발진기의 전면부와 기능들을 나타냈다.

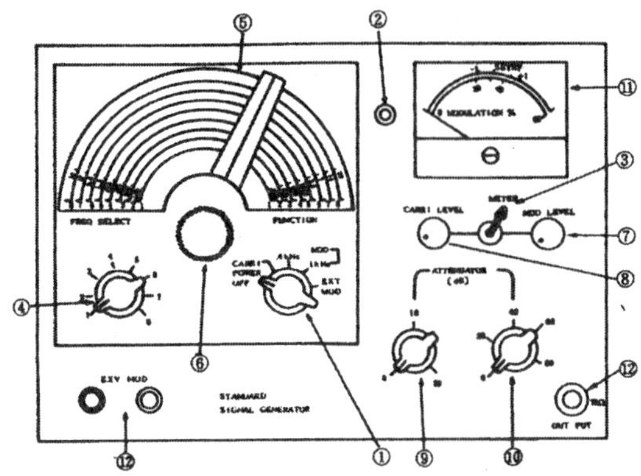

[그림 6-8] 고주파 발진기의 전면부

〈표 6-3〉 고주파 발진기 전면부의 기능

번호	기 능	번호	기 능
①	전원 및 신호파 선택 스위치	②	전원표시등
③	감쇠기 선택 스위치	④	주파수 밴드 전환 스위치
⑤	주파수 밴드 및 표시부	⑥	주파수 변환조절 손잡이
⑦	신호파 출력조절 가변 저항기	⑧	고주파 출력조절 가변 저항기
⑨	출력 이득조절 스위치	⑩	출력 이득조절 스위치
⑪	고주파, 신호파, 변조파 출력표시	⑫	출력단자

3 함수 발생기

함수 발생기(function generator)는 사인파(sine wave), 삼각파(triangle wave), 구형파(square wave), 램프(ramp)파, 펄스파 등의 원하는 주파수와 진폭으로 발진시키는 기기이다. [그림 6-9]는 함수 발생기의 전면부와 전면부에 있는 각 부의 명칭과 기능을 나타내었다.

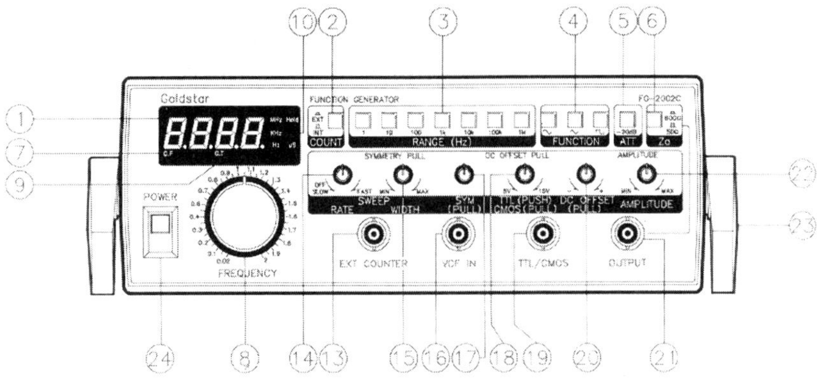

[그림 6-9] 함수 발생기의 전면부

① GREEN LED DISPLAY : 내부 또는 외부 주파수를 표시
② Internal/External Switch : Push on의 경우 외부 주파수 카운터, Push off의 경우 : 내부 함수 발생기의 주파수 카운터
③ Range Switch : 주파수 영역 선택 스위치
④ Function Switch : 정현파, 삼각파, 구형파 출력을 선택
⑤ Attenuator : 출력신호의 진폭을 −20[dB] 감쇠
⑥ Output Impedance Selector : 50, 600OHM 선택
⑦ Overflow Indicator : 지시기에 불이 켜지면 주파수 영역 스위치를 조정해 영역을 증가시키도록 한다.
⑧ Frequency Dial : 카운터는 0.02[Hz]에서 2[Hz]까지의 주파수 영역을 표시할 수 없다. 이 영역을 표시하고자 할 때에는 주파수 다이얼을 조절해야 한다.
⑨ Gate Time Indicator
⑩ The Frequency Counting Unit : 주파수 카운팅 단위
⑬ External Counting Input BNC : 외부 카운팅 입력 BNC
⑭ Sweep Rate Control : Sweep Rate 조절, 내부 Sweep를 조절하는 on/off 스위치. 내부 Sweep Generator의 Sweep Rate를 조절
⑮ Sweep Width Control : Sweep의 진폭을 조절
⑯ VCF(Voltage Controlled Frequency) IN : 이 단자에 전압을 인가하면 출력 파형의 주파수를 가변시킬 수 있다. 이때 Sweep Rate 조절 스위치는 off 상태여야 한다.
⑰ Symmetry Control : 단자를 당긴 후 회전시키면 출력 파형의 대칭성을 1 : 1에서 4 : 1까지 조정할 수 있다.
⑱ TTL/CMOS 조절 : TTL/CMOS 모드를 선택. 잡아당기면 CMOS 모드
⑲ TTL/CMOS 출력
⑳ DC Offset Control : 단자를 잡아당기면 신호에 DC 전압을 인가할 수 있다. 시계방향

으로 돌리면 양(+)전압이 더해지고, 반시계 방향으로 돌리면 음(−)전압이 더해진다.
㉑ Main Output BNC : 주 출력 BNC로 임피던스 50OHM 파형의 출력 연결부
㉒ Amplitude Control : 단자를 조정하여 출력신호의 진폭을 조절한다. 0에서 −20dB 까지 감쇠시킬 수 있다.
㉓ Power Switch : 전원 스위치
㉔ 이동 손잡이 및 지지대

(1) 함수 발생기로서의 사용법

① 교류전원 코드를 콘센트에 연결한다.
② 전원 스위치를 켠다.
③ 출력을 대칭적으로 하고(symmetrical), Sweep 발생기에 의해 영향을 받지 않게 하기 위해 〈표 6-4〉와 같이 기기를 조절한다.

〈표 6-4〉

제어단자	위 치
Sweep Rate	off(CCW)
Symmetry	off(push)
DC offset	off(push)
Attenuator	RELEASE(button out)
Counter	INT(button out)

④ 원하는 주파수를 선택하기 위해서 영역 스위치(range switch)와 주파수 다이얼(FREQ dial)을 다음과 같이 조정한다. 출력 주파수는 주파수 다이얼에서 조정한 값에서 영역 스위치에 조정한 값의 곱과 같다. 예를 들어, 주파수 다이얼이 0.6영역 스위치가 10K로 조정되어 있다면 6[kHz](0.6 × 103＝6K)의 출력을 낼 것이다.
⑤ 이제 디스플레이에 원하는 주파수가 나타날 것이다.
⑥ Function 버튼을 눌러 구형파, 삼각파, 정현파 중 원하는 파형을 선택한다.
⑦ 50[Ω] BNC에서 신호를 넣고 싶은 지점에 케이블을 연결한다.
⑧ Amplitude 조절기를 이용하여 원하는 진폭을 얻는다.
⑨ DC offset 조절기를 이용하여 50[Ω] BNC 단자에서 나오는 신호에 직류성분

을 더할 수 있다.

⑩ 고정 진폭의 TTL 구형파는 패널 앞의 TTL OUT BNC 단자에서 얻을 수 있다. 이 신호는 진폭조절기, 감쇠기, DC offset 조절기에 의해 영향을 받지 않는다. TTL 출력은 디지털 회로에서 사용하기 위함이다.

(2) 펄스 발생기로의 사용법

대칭적인 구형파, 정현파, 삼각파의 경우 양과 음의 전환 주기(1 : 1)가 동일하다. 이 경우는 symmetry 조절기가 꺼져 있는 상태이다.

symmetry 제어기를 잡아당기고 돌리면 양의 주기를 4 : 1까지 조정할 수 있다. 구형파를 조정해서 사각파(rectangular wave or pulse)를 만들거나 삼각파를 조정해서 일그러진 정현파(skewed wave)를 만들어낼 수도 있다.

① 함수 발생기를 설명한 바와 같이 조정하여 오실로스코프에 함수 발생기의 출력을 연결한다.

② 함수 스위치(function switch)에서 원하는 파형을 선택한다.

③ 특정한 펄스폭(pulse width)과 반복비율(repetition rate)을 필요로 한다면 다음과 같이 파형을 얻을 수 있다.

- 주파수 다이얼과 영역 스위치로 파형의 짧은 주기를 조절한다.
- 대칭 조절기로 파형의 긴 주기를 조절한다.

④ 특정한 펄스의 폭 보다는 반복비율이 중요하다면 원하는 파형을 다음과 같이 얻을 수 있다.

- 오실로스코프를 보면서 symmetry 조절기를 조정하여 적절한 파형을 얻을 수 있다.
- 주파수 다이얼과 영역 스위치로 반복비율을 조절한다. 주파수 조절은 펄스폭과 반복비율 모두에 영향을 미친다.

(3) TTL/CMOS 출력으로 사용법

TTL/CMOS 출력은 TTL/CMOS 디지털 논리회로의 출력으로 상호 변환할 수 있다. TTL/CMOS 출력을 사용하기 위해서는 이 기기 앞면에 있는 TTL/CMOS BNC 단자에서 신호를 주입하려고 하는 곳에 케이블을 연결한다. TTL/CMOS 출력은 여러 동작 모드에서 사용될 수 있다.

(4) 주파수 변조 신호발생기로서의 사용법

① 함수 발생기에서 설명한 바와 같이 조정한다.

② 직류 성분이 없는 교류신호를 패널 앞면에 있는 VCF IN BNC 단자에 연결한다.

③ 원하는 주파수 편향(deviation)을 위해 교류신호의 진폭을 조절한다.

부 록

A : 각종 부품과 소자의 극성 판별법

B : 주요 소자의 극성 판별

A 각종 부품과 소자의 극성 판별법

1. 저 항

전류의 흐름을 방해하는 성질을 가지고 있는 저항은 여러 가지가 있다. 〈표 1〉은 가장 널리 사용되고 있는 색띠 저항의 색깔별 저항값을 나타내고 있다.

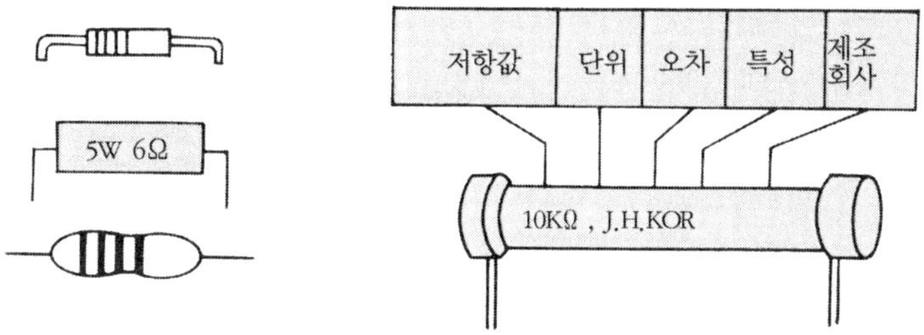

(a) 권선형 저항표시

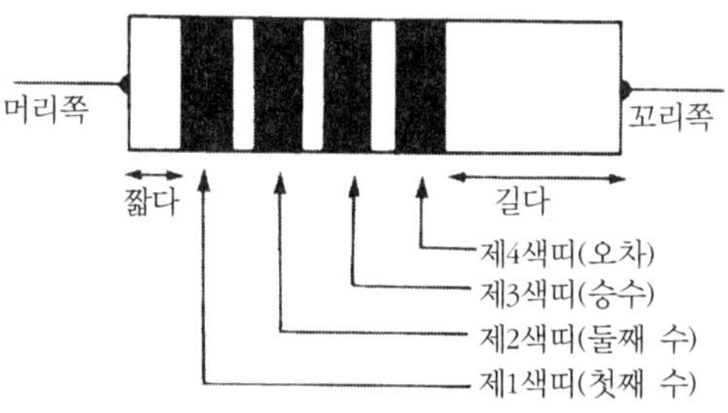

(b) 색띠의 표시

[그림 1] 여러 가지 저항들의 값 식별

〈표 1〉 색깔에 따른 저항값 식별표

색	저 항 값			허 용 오 차
	제1색띠(숫자)	제2색띠(숫자)	제3색띠(승수)	제 4색띠
흑 색	0	0	10^0(×1[Ω])	–
갈 색	1	1	10^1(×10[Ω])	±1[%]
적 색	2	2	10^2(×100[Ω])	±2[%]
등 색	3	3	10^3(×1[kΩ])	–
황 색	4	4	10^4(×10[kΩ])	–
녹 색	5	5	10^5(×100[kΩ])	±0.5[%]
청 색	6	6	10^6(×1[MΩ])	–
자 색	7	7	10^7(×10[MΩ])	–
회 색	8	8	10^8(×100[MΩ])	–
백 색	9	9	10^9(×1[GΩ])	–
금 색	–	–	10^{-1}(×0.1[Ω])	±5[%]
은 색	–	–	10^{-2}(×0.01[Ω])	±10[%]
무 색				±20[%]

(K(Kilo) = 10^3, M(Mega) = 10^6, G(Giga) = 10^9, T(Tera) = 10^{12})

(예)

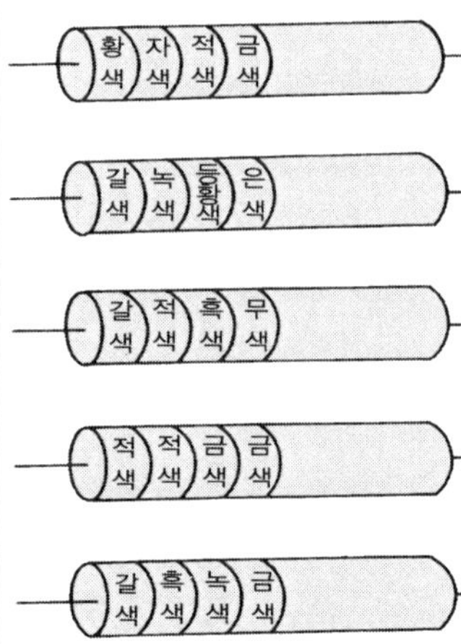

황색=4, 자색=7, 적색= 10^2, 금색=±5[%]
$47\times 10^2 = 4.7$[kΩ](오차 ±5[%])

갈색=1, 녹색=5, 등황색= 10^3, 은색=±10[%]
$15\times 10^3 = 15$[kΩ](오차 ±10[%])

갈색=1, 적색=2, 흑색= 10^0, 무색=±20[%]
$12\times 10^0 = 12$[Ω](오차 ±20[%])

적색=2, 적색=2, 금색= 10^{-1}, 무색=±20[%]
$22\times 10^{-1} = 2.2$[Ω](오차 ±5[%])

갈색=1, 흑색=0, 녹색= 10^5, 금색=±5[%]
$10\times 10^5 = 1$[MΩ](오차 ±5[%])

참고로 색의 표현은 〈표 2〉와 같다.

〈표 2〉 색의 표현

흑색	갈색	적색	등황색	황색	녹색	청색	자색	회색	백색
검은색 BLACK	나무색 BROWN	빨간색 RED	주황색 (오렌지색) ORANGE	노란색 YELLOW	풀색 GREEN	파란색 BLUE	보라색 VIOLET	하늘색 GRAY	흰색 WHITE

2. 콘덴서

일정한 양의 전하를 저장하는 소자인 콘덴서는 정전용량이나 정격전압을 그대로 표시하는 것과 숫자와 알파벳을 조합해서 표시하는 것이 있다. 이들을 그림으로 나타내면 [그림 2]와 같다.

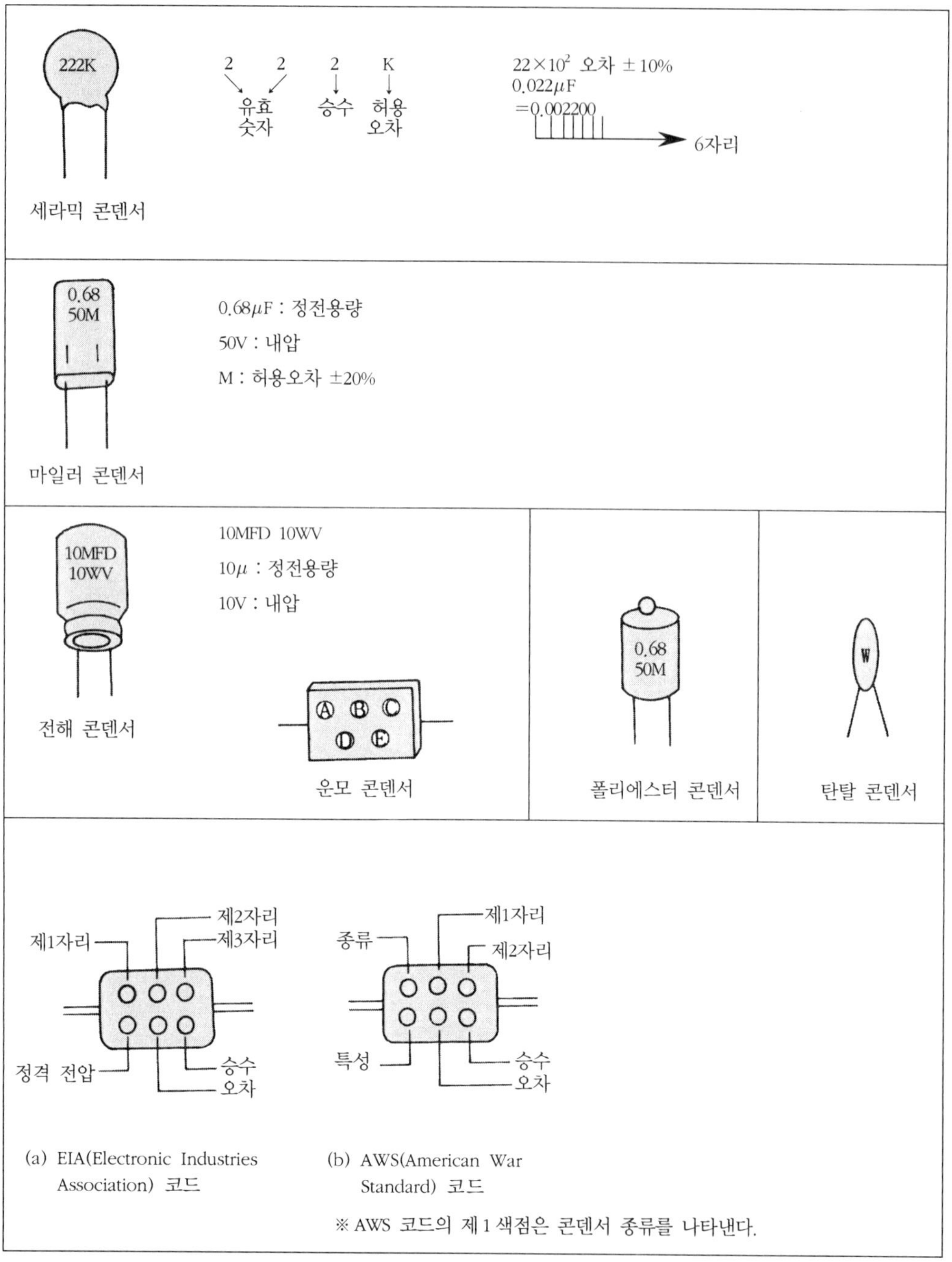

[그림 2] 콘덴서의 종류와 용량표시

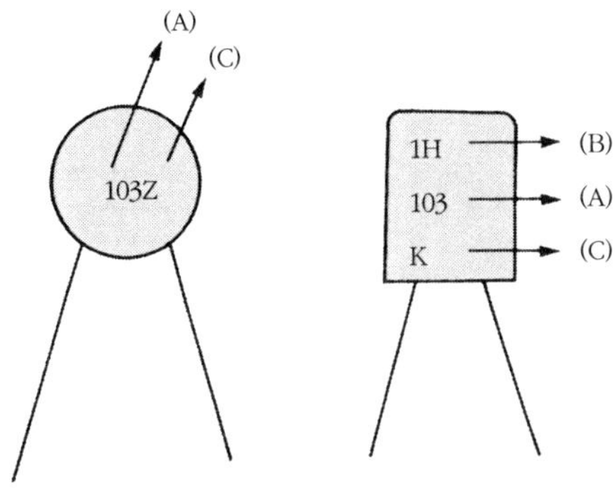

[그림 3] 두 가지 콘덴서의 용량표시법

그림에서 (A)는 정전용량을 나타낸다. 3개의 숫자 중에서 앞의 두 수는 유효정수 두 자리를 나타내고, 세 번째 숫자는 배수(10의 몇 제곱인가)를 나타낸다. 여기서 단위는 항상 [pF]이다.

(B)는 정격전압을 나타내는데, 정격전압은 〈표 3〉에서 숫자와 알파벳을 조합하여 표시한다. 정격전압의 단위는 [V]이고, 정격전압에 관한 표시가 없는 콘덴서의 경우에는 통상 50[V]를 의미한다.

(C)는 허용오차를 표시하는데, 알파벳 한 문자로 나타낸다. 10[pF] 이상에서는 [μF], 10[pF] 이하에서는 [pF]을 사용한다.

〈표 3〉 콘덴서의 정격전압

	A	B	C	D	E	F	G	H	J	K
0	1	1.25	1.6	2.0	2.5	3.15	4.0	5.0	6.3	8.0
1	10	12.5	16	20	25	31.5	40	50	63	80
2	100	125	160	200	250	315	400	500	630	800
3	1000	1250	1600	2000	2500	3150	4000	5000	6300	8000

〈표 4〉 콘덴서의 허용오차

	B	C	D	F	G	J	K	M	N	V	X	Z	P
허용오차 (%)	±0.1	±0.25	±0.5	±1	±2	±5	±10	±20	±30	+20 −10	+40 −20	+80 −20	+100 −0
허용오차 [pF]	±0.1	0.5	0.5	±1	±2								

B 주요 소자의 극성 판별

1. 다이오드

다이오드의 극성 판별을 위해서는 PN 접합의 성질부터 살펴보아야 한다.

[그림 4]는 PN 접합에 순방향 혹은 역방향 바이어스를 걸었을 때의 전류의 흐름 여부를 나타낸다.

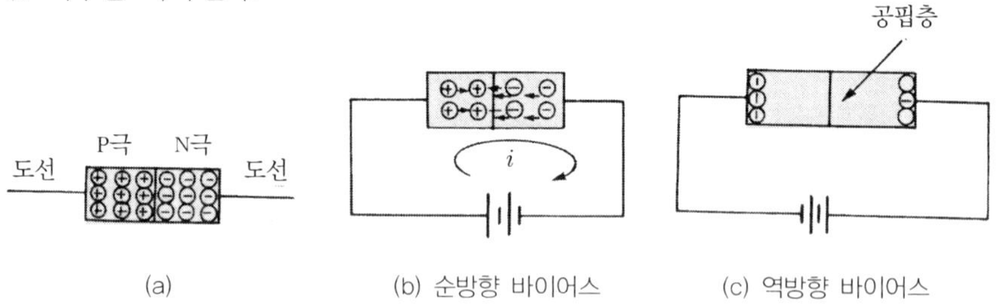

[그림 4] PN 접합의 순방향 및 역방향 바이어스

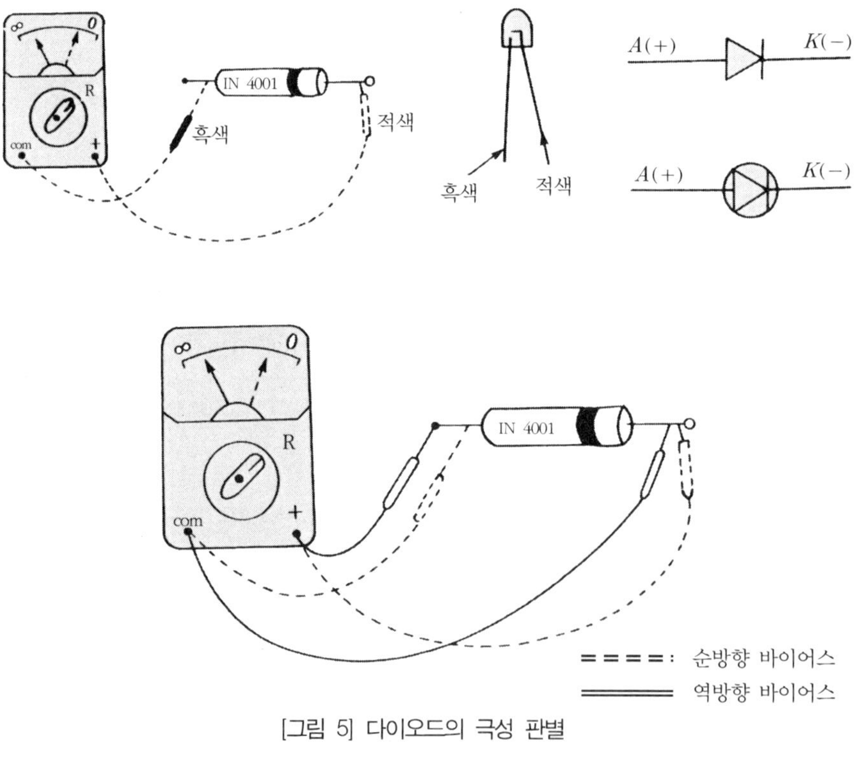

[그림 5] 다이오드의 극성 판별

다이오드의 극성은 테스터(tester)의 기능 선택 스위치를 R ×100에 놓고 리드봉을 다이오드의 양쪽 끝에 접촉했을 때 테스터의 바늘이 움직이면 흑색 리드봉 쪽이 P극(anode)를 나타내고, 적색 리드봉 쪽은 N극(cathod)을 나타낸다. 이를 그림으로 나타내면 [그림 B.2]와 같다.

2. 발광 다이오드(LED : Light Emitting Diode)

① 회로시험기의 측정 레인지를 R×100[Ω]으로 놓는다.
② LED의 양 리드 단자에 회로시험기의 테스트 봉을 교대로 대어본다. 그러면 한쪽 방향에서는 LED이고, 그렇지 않으면 불량이다.
③ LED가 점등되었을 때 회로시험기의 적색 테스트 봉이 접속된 LED의 리드 단자가 캐소드(K)가 되고, 흑색 테스트 봉이 접속된 리드 단자는 애노드(A)가 된다.

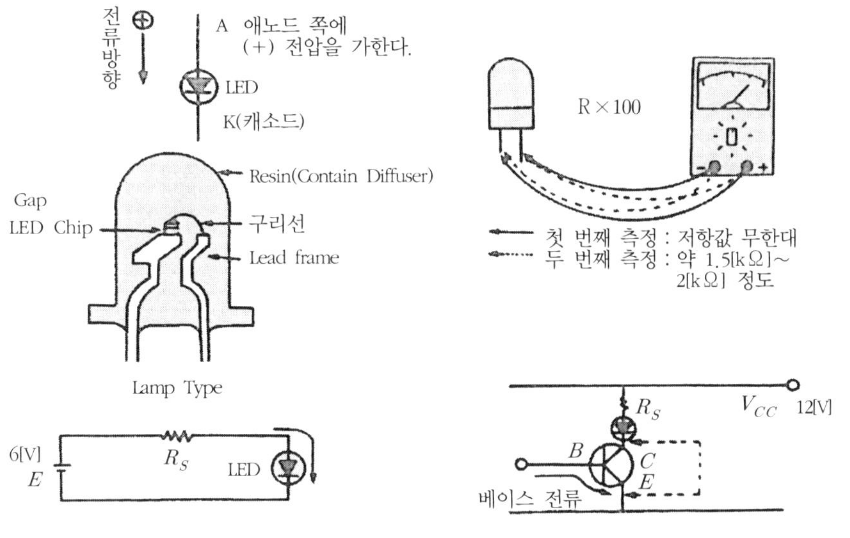

[그림 6]

3. 반도체 소자의 형명

일본에서 쓰고 있는 형명의 호칭법은 유럽에서 쓰고 있는 방식과는 다르나 우리 시장에서는 주로 일본 형명에 의한 상품이 대부분이므로 2SA..., 2SB..., 1S..., 2SF..., 2SM... 등의 형명을 붙이고 있는 일본 공업규격 JIS와 일본 전자기계공업회 표준규격인 EIAJ에 의한 것을 소개한다.

미국에서는 2N..., 1N..., 3N... 등의 JEDEC의 규정에 의하여 쓰고 있고, 유럽에서는 로마자와 숫자와의 조합으로 표시를 하고 있다. 형명 구성은 5항으로 되고, 각각 다음의 뜻을 갖고 있다.

① 1항(숫자) : 원칙적으로 유효 전극에서 1을 뺀 숫자

② 2항(문자 S) : 반도체(Semicondactor)를 나타낸다.

③ 3항(문자) : 반도체 제품의 종류, 극성, 대략적인 용도를 나타내고, E와 I는 동될 염려가 있어 쓰지 않는다. 또한 다이오드에도 쓰지 않는다.

④ 4항(숫자) : EIAJ 등록번호로 11부터 시작되는 2행 이상의 숫자

0 포토트랜지스터 포토다이오드

1 다이오드

2 트랜지스터, 전계효과 트랜지스터(FET), 다이리스터(SCR, TRIAC)

3 4극 전계효과 트랜지스터

⑤ 5항(문자) : 붙임자로서 붙임자가 붙지 않은 원형제품의 개량형을 나타내며 A, B, C …의 순으로 쓰여진다. 개량형 순으로는 바꾸어 가나 그 반대로 바꾸어 쓰지는 않는다.

2	S	C	372	A
소자의 종별	Semicondactor (반도체)	용도를 의미	등록순 번호	개량형 표시
0 : 포토트랜지스터 1 : 다이오드 2 : 트랜지스터 또는 1개의 게이트를 가진 FET 3 : 2개의 게이트를 가진 FET		O, ± } 이런 문자로는 안쓴다. A : 고주파용, B : 저주파용 } PNP형 C : 고주파용, D : 저주파용 } PNP형 F : P게이트 G : N게이트 H : 단합점 트랜지스터 J : P채널, K : N채널 } FET M : 3극 쌍방향 다이리스터	11로부터 차례로 등록한다.	ABC 차례로 붙인다.

※ 등록순번호는 회사에 관계없이 등록순으로 표시한다.

⑥ 트랜지스터 형명 예시

2SC734 — Y

→ h_{fe} 표시(전류증폭률)

O : 70~140

Y : 120~240

GR : 200~400

BL : 350~700

[그림 7] 트랜지스터의 명칭이 가지는 의미

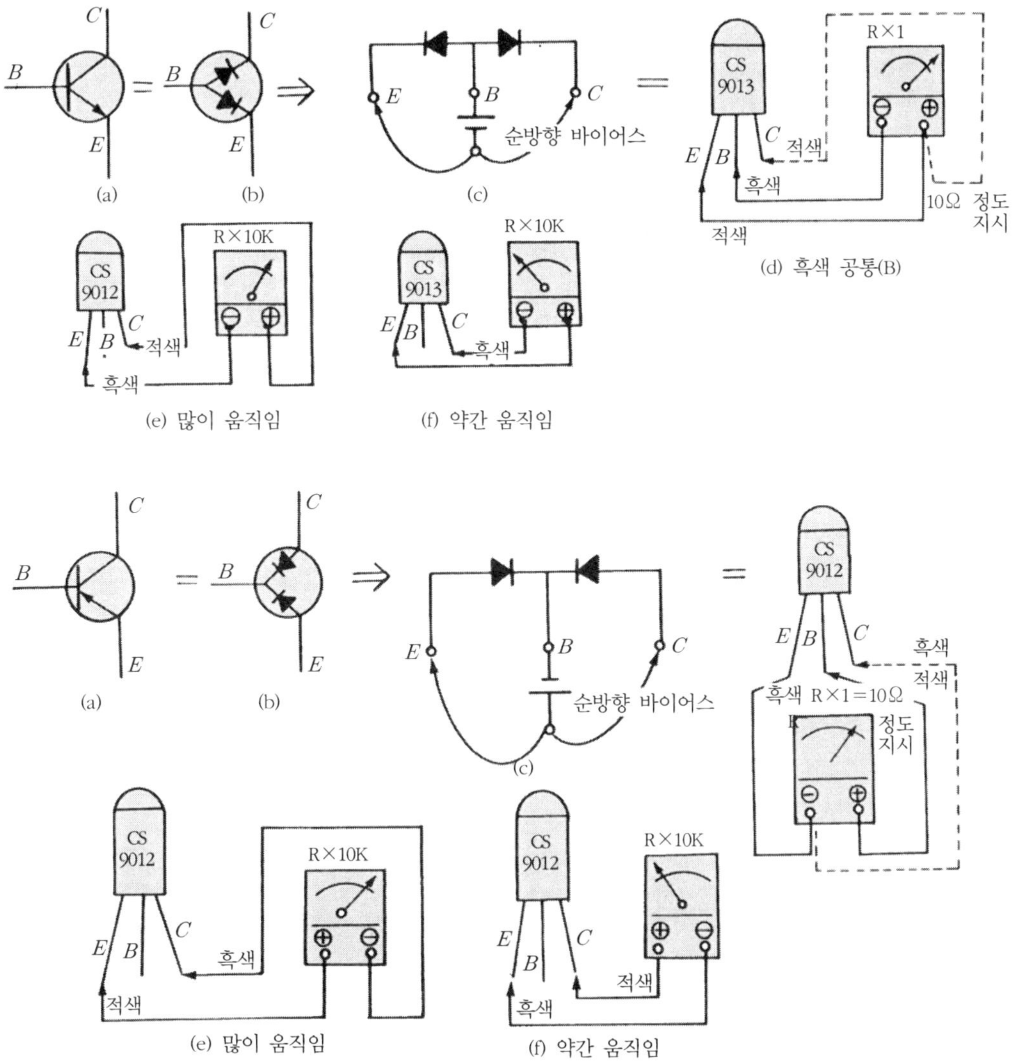

[그림 8] 트랜지스터의 극성 판별

트랜지스터의 극성을 찾는 방법을 그림으로 설명하면 [그림 8]과 같다. 그림 (d)는 B를 찾는 방법, (e)~(f)는 E, C를 찾는 방법이다.

4. 기타 반도체 소자

(1) FET(전계효과 트랜지스터)

FET는 Field Effect Transistor의 약자로서 입력 임피던스가 높기 때문에 외부 잡음의 영향을 잘 받지 않으며 신뢰성이 풍부하고 저잡음 Tr이라고도 한다. 또 고신호원 임피던스로 저잡음 증폭기에도 많이 쓰인다.

테스터기로 드레인과 소스간을 대고 게이트에 손을 댈 때 지침이 움직이면 정상이다. 고입력 임피던스, 저잡음 증폭회로에 이용된다.

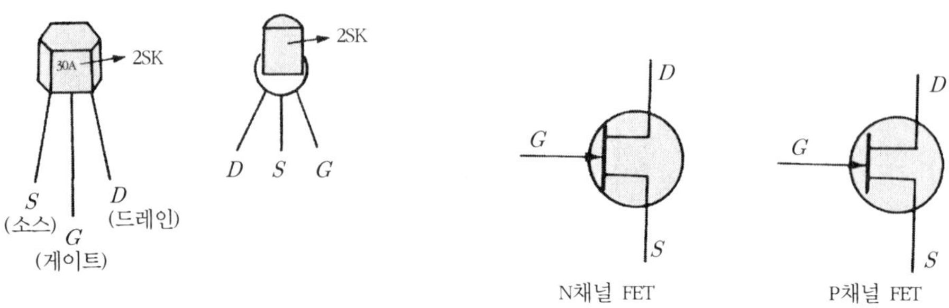

[그림 9] FET

(2) UJT(단일접합 트랜지스터)

UJT는 Uni-Junction Transistor의 약자로서 베이스 2개와 이미터 1개로 되어 있으며 발진회로에 이용된다.

$B_1 \sim B_2$ 사이의 저항값은 4~12[kΩ] 정도, $E \sim B_1$의 순방향 저항은 E와 B_2의 순방향 저항보다 약간 크며 3.5[kΩ] 정도이고, 역방향 저항은 ∞이다.

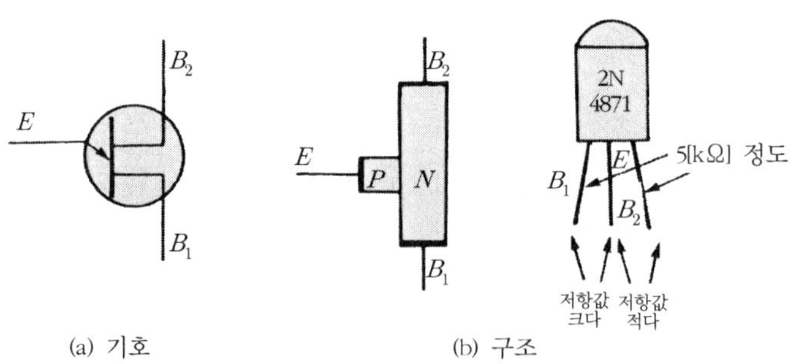

[그림 10] UJT의 극성 판별

(3) PHOTO TR(광전 트랜지스터)

포토 TR이란 빛에 의하여 TR의 컬렉터 전류가 제어되는 광전 트랜지스터를 말한다.

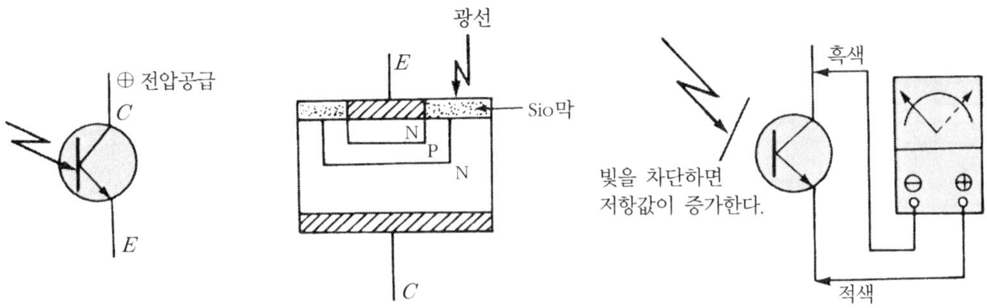

(a) NPN 포토 TR (b) 구조 (c) 실험

[그림 11] Photo TR 측정

(4) CdS 광도전 소자

CdS에 빛을 쪼이면 빛 에너지가 결합하고 있던 전자에 부여되는데 이때 에너지를 받은 전자는 궤도를 이탈하여 자유전자가 된다. 따라서 빛을 많이 쪼여줄수록 자유전자가 증가하여 저항값이 감소되므로 CdS 양단에 전압을 공급하고 있을 때에는 광량에 비례하여 전류가 증가한다.

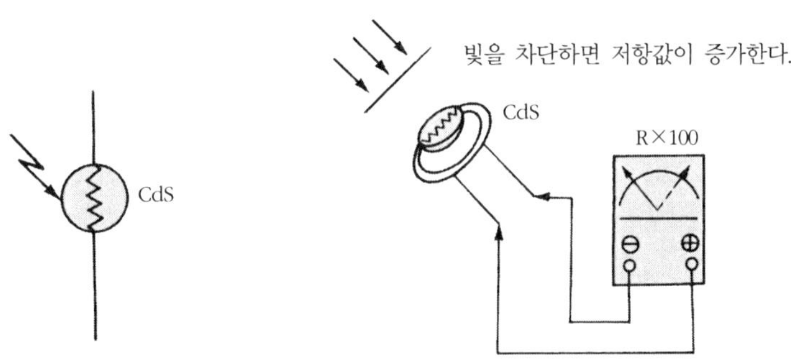

(a) 기호 (b)

[그림 12] CdS 측정

(5) 서미스터

온도가 증가하면 저항값이 감소되는 소자로서 각종 온도보상회로에 이용된다.

(a) 기호 (b) 외형 (c) 온도 증가시 저항값 감소

[그림 13] 서미스터 측정

(6) 다이액(DIAC)

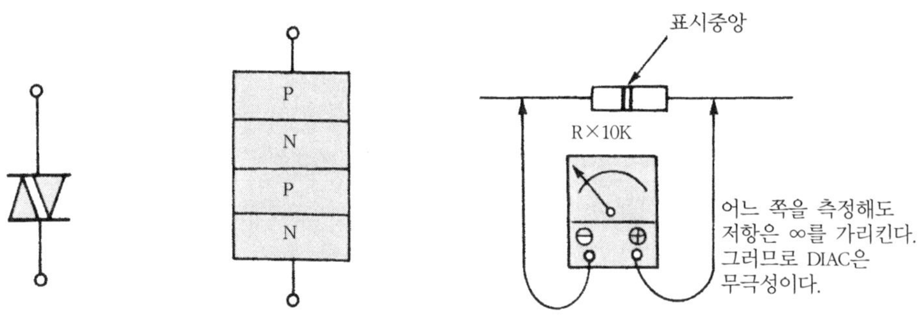

(a) 기호 (b) 구조 (c) 측정법

[그림 14] 다이액 측정

(7) 실리콘 제어정류기(SCR)

$A \sim G$ 사이를 쇼트시키지 않은 상태에서는 어느 방향으로 측정해도 $K \sim A$ 사이는 ∞를 가리킨다.

그러나 $A \sim G$ 사이를 쇼트시키면 그 순간부터 지침이 움직여 약 10[Ω]을 가리킨다. $K \sim G$ 사이의 순방향 저항은 약 10[Ω] 정도이다.

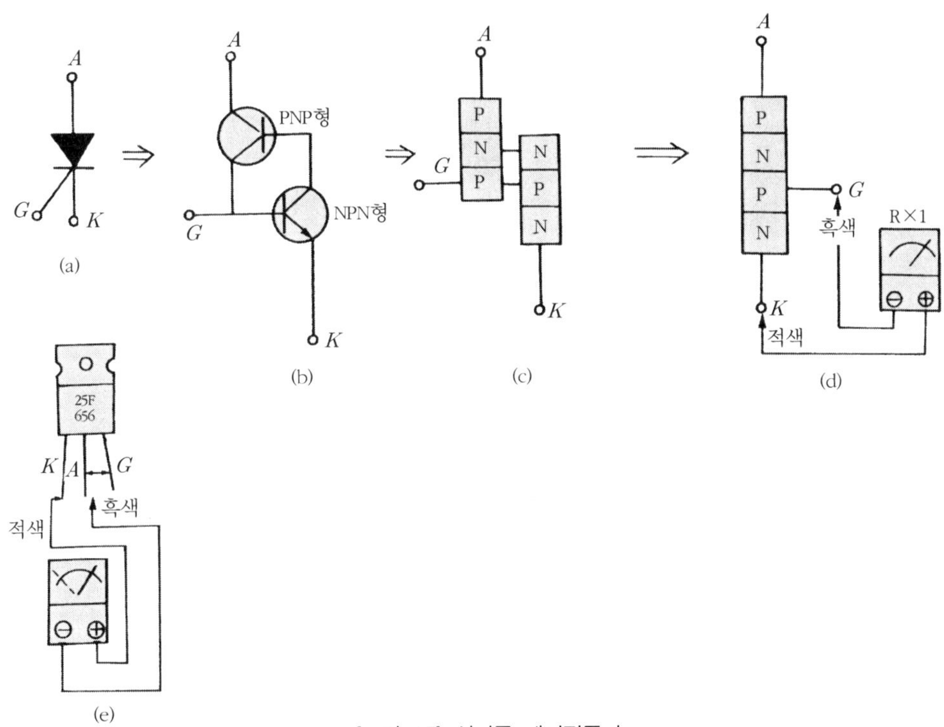

[그림 15] 실리콘 제어정류기

(8) 트라이액(TRIAC)

트라이액이란 3극으로 된 교류제어용 소자를 말하는데, P형과 N형의 반도체를 [그림 16](a)과 같이 5층으로 접합하고 2개의 주 전극과 1개의 게이트 전극을 내놓은 것으로 되어 있다.

A_1과 A_2 사이, G~A_2 사이는 어느 단자로 측정해도 ∞를 가리킨다. 그러나 그림 (e)와 같이 G와 A_2를 쇼트시킨 순간부터 $A_1 \sim A_2$는 도통된다.

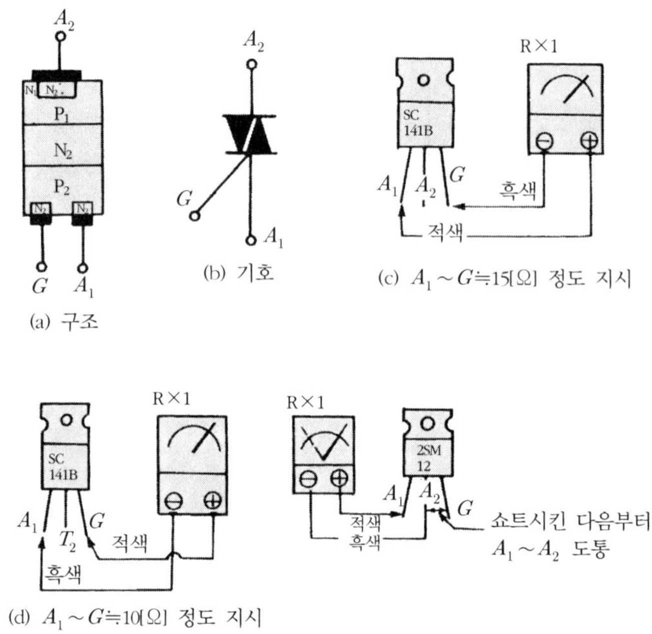

[그림 16] 트라이액 측정

(9) PUT(Programmable Unijunction Transistor)

PUT는 그림 (c)와 같이 2개의 트랜지스터를 집적회로적인 제조법으로 구성된 고감도특성을 갖는 N게이트 SCR의 기능을 갖게 한 것이다. $V \sim I$ 특성과 응용이 UJT와 유사하지만 실제적 구조와 특성은 UJT와 다르다.

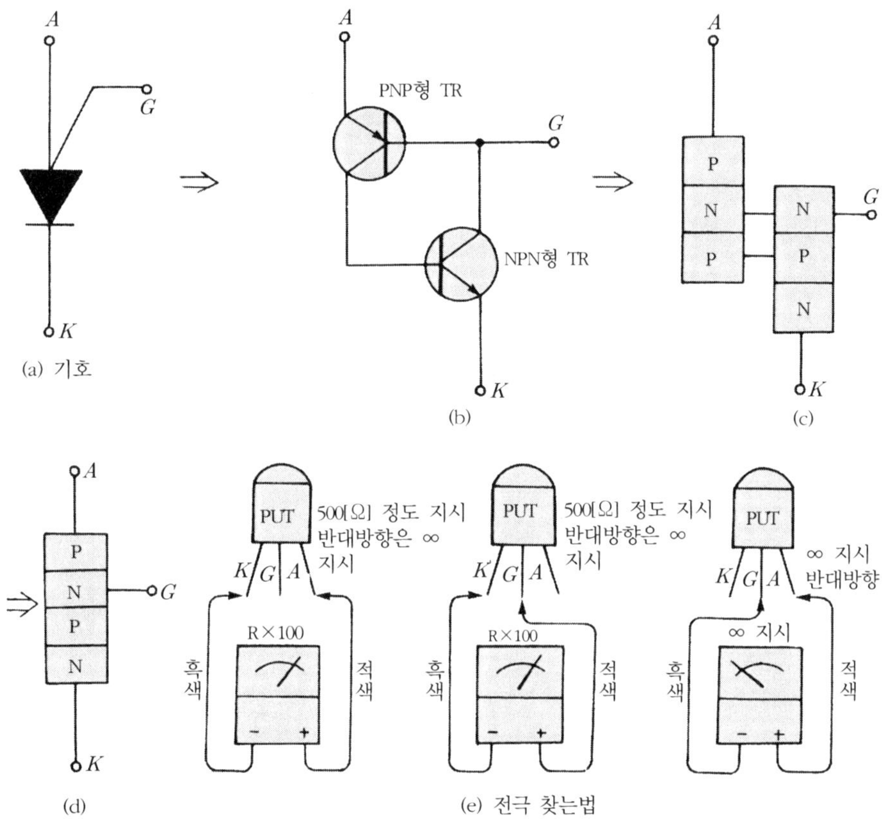

[그림 17] PUT 측정

(10) 대칭 제어 다이오드(VRD)

테스터기의 R×10K 레인지에서 실선이나 점선 모두 무한대를 지시 VRD (Voltage Regulator Diode)는 교류회로에서 Phase Clipper나 고입력 임피던스 신호회로에서 발생하는 오동작을 방지하기 위하여 제너 다이오드를 서로 역방향으로 접속한 것으로 급속히 변화하는 전기적 신호를 흡수하거나 전압을 제어할 수 있다.

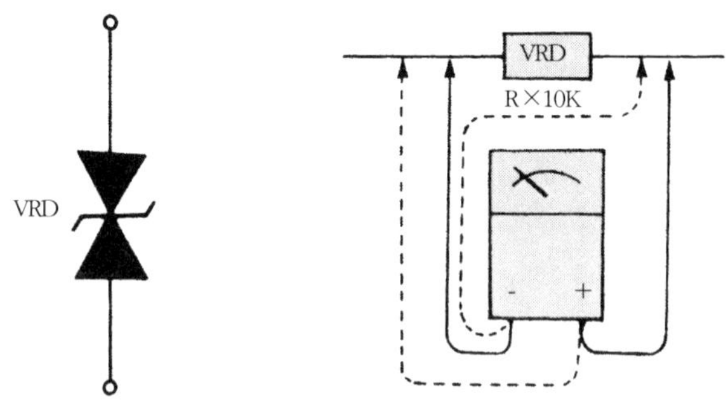

(a) 기호　　(b) 측정법

[그림 18] VRD 측정

(11) SCS(Sillicon Contolled Switch)

동작원리는 SCR과 동일하며 게이트(G_A)가 하나 더 있다는 것만 다르다.

Anode 전류는 G_K 에 의해 제어되고, Cathode 전류는 G_A 에 의해 제어된다.

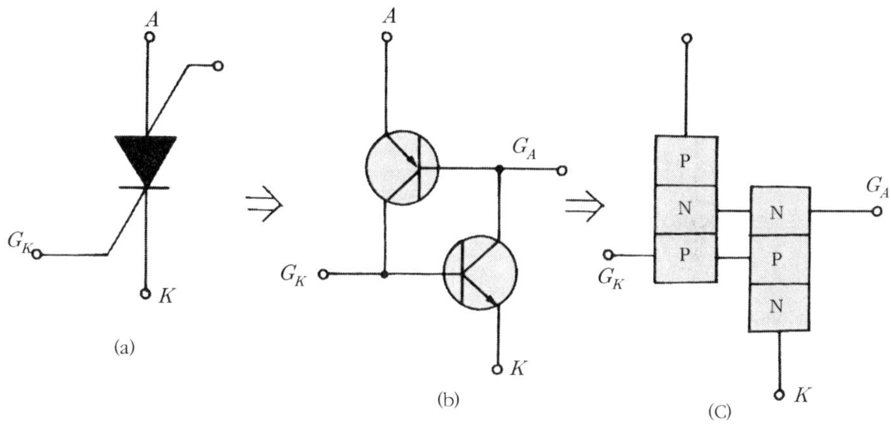

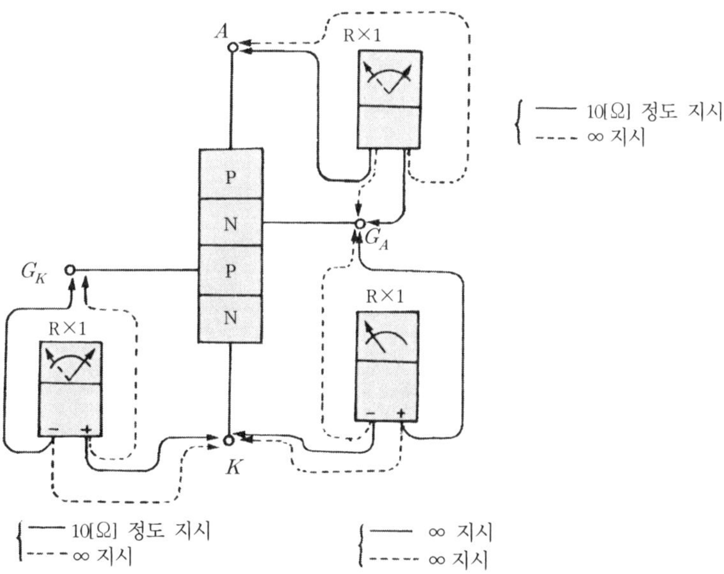

(d) 전극 찾는 법

[그림 19] SCS 측정

(12) GTO(Gate Turn Off Switch)

GTO는 SCR 동작원리와 동일하며, 다른 점은 게이트의 제어능력이 SCR보다 크게 만들어져 게이트 전압으로 ON상태인 AK 간을 OFF상태로 해준다. 용도는 DC-AC 변환기, 고압 발생회로, 속도조정, 직류전압 조정기, 스위칭 회로 등에 이용된다. 전극찾는 법은 SCR을 참고하기 바란다.

(a) 기호 (b) 외형 (c) 밑면

[그림 20] GTO

(13) FLD(4층 다이오드)

테스터기의 R레인지에서 ∞ 지시 극성을 바꾸어도 ∞지시 용도는 모터 속도제어 회로나 펄스 발생회로 등에 이용된다.

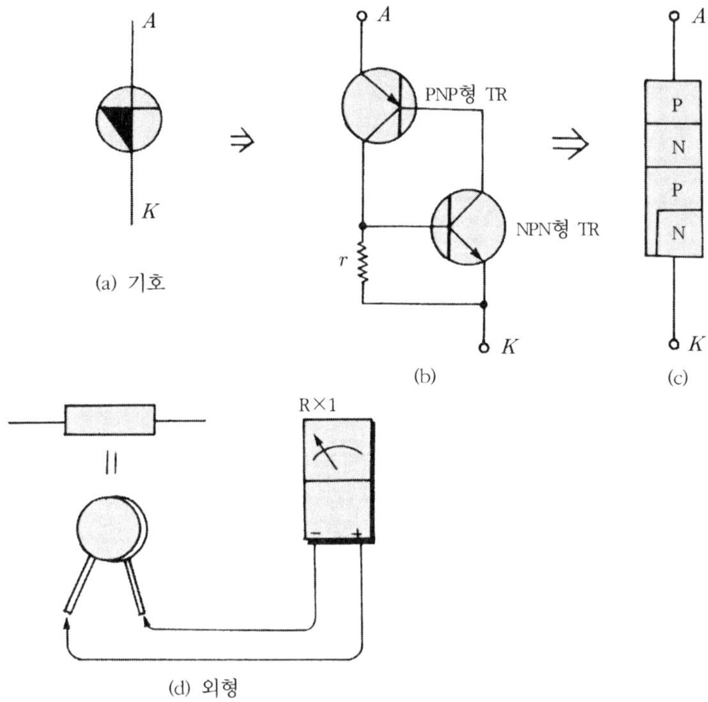

[그림 21] FLD 측정

(14) SSS(Sillicon Symmetrical Switch)

테스터기의 R×10K 레인지에서 ∞를 지시한다. 테스터기 단자를 바꾸어도 역시 ∞를 지시한다. 이 SSS는 DIAC 또는 SIDAC이라고 하며 용도는 교류제어회로(조광기)에 이용된다.

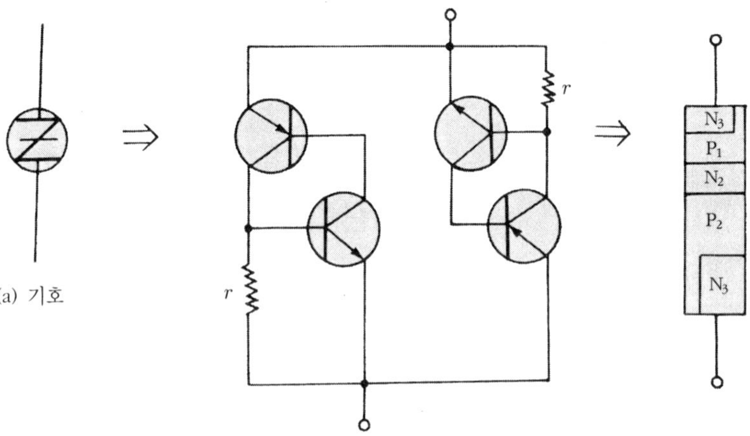

(a) 기호

(b) 등가회로

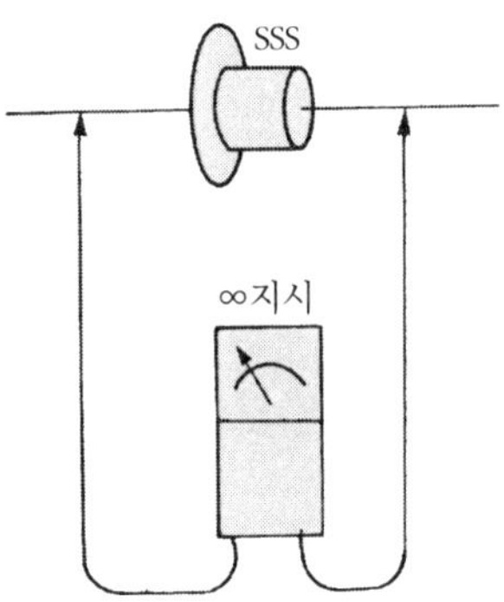

[그림 22] SSS 측정

5. 반도체 소자에 공통인 문자와 기호

반도체 소자에 공통으로 쓰이는 문자, 기호를 묶어보면 〈표 5〉와 같이 된다.

〈표 5〉

E	이미터	G	게이트
B	베이스	D	드레인
C	컬렉터	S	소스
A	애노드	SD	시일드
K	캐소드	T	터미널(트라이액의 경우 T-1, T-2)

문자, 기호에 대해서는 대문자는 직류값을, 소문자는 교류값을 나타내고, 붙임자를 써서 입력, 출력, 접지방식을 트랜지스터에서는 단자인 이미터, 베이스, 컬렉터 전극을 명시하여 약호의 명확화를 기하려는 것이다.

붙임자는 대체로 다음 원칙에 따른다.

① 붙임자는 보통 1~3자 또는 1~3단어로 구성된다.

② 제1의 붙임자는 전류가 측정되는 곳의 전극을 명시하거나 제2의 붙임자에 의해 명시된 기준 전극, 또는 회로의 교점과의 사이 전압이 측정되는 곳의 전극을 명시한다.

③ 제2의 붙임자는 일반적으로 공통전극을 나타낸다. 예컨대 회로가 이미터 접지의 경우에는 E, e를 쓴다.

④ 제3의 붙임자는 트랜지스터의 경우, 제1 및 제2의 붙임자에서 사용된 외의 또 하나의 전극의 상태를 나타낸다.

⑤ 붙임자는 1개로 명시되는 경우는 제2, 제3을 2개로 명시되는 경우에는 제3을 생략할 때가 있다.

⑥ 붙임자는 아니나 기호 앞에 전류 방향을 나타내는 (+), (−)를 붙이는 방법은 통상 전극에 흘러들어가는 방향을 정으로 하며 (+)로 한다.

⑦ 붙임자의 대문자는 보통은 직류를, 소문자는 교류를 나타낸다.

〈표 6〉

V, v	전압	T_e	케이스 온도
I, i	전류	T_j	접합부 온도
P	전력, 허용손실	T_{stg}	보존 온도
T_a	주위온도	R_{th}	열저항

6. 반도체에 쓰이는 약어와 기호

(1) 일반 트랜지스터

V_{CBO}	컬렉터·베이스 사이 전압	f_r	트랜지션 주파수
V_{CBV}	〃	C_{ob}	컬렉터 출력용량
V_{CEO}	컬렉터·이미터 사이 전압(베이스 개방)	V_{EBO}	이미터·베이스 사이 전압
V_{CER}	〃 (베이스·이미터 사이 저항 R 삽입)	BV_{CBO}	컬렉터·베이스 사이 항복 전압
V_{CES}	〃 (베이스·이미터 사이 단락)	BV_{CEO}	컬렉터·이미터 사이 항복 전압
V_{CEV}	〃 (베이스·이미터 사이 지정전압)	BV_{CER}	〃
V_{CEX}	〃 (베이스·이미터 사이 지정회로)	BV_{CES}	〃
BV_{EBO}	베이스·이미터 사이 항복전압	BV_{CEX}	〃
V_{CB}	베이스·컬렉터 사이 인가전압	C_{te}	입력용량
V_{CE}	컬렉터·이미터 사이 인가전압	$C_c \cdot r_{bb'}$	$C_c \cdot r_{bb}{}'$ 적, 베이스 시정수
V_{CC}	컬렉터 전원전압	f_{ab}	차단주파수
V_{EE}	이미터 전원전압	$r_{bb'}$	베이스 퍼짐 저항(하이브리드 π형 등가회로에서의 bb' 사이 저항)
V_{BB}	베이스 전원전압	G_{pe}	전력이득(이미터 접지)
V_t, V_{in}	입력전압	G_c	변환전력이득
V_O, V_{out}	출력전압	h_i	입력 임피던스(이미터 접지의 경우 h_{ie} 이하 같음)
I_{CBO}	컬렉터 차단전류	h_r	전압궤환율
I_{CEO}	〃	h_f	소신호 전류증폭률
I_{EBO}	이미터 차단전류	h_o	출력 어드미턴스
I_B	베이스 전류	g_i	입력 콘덕턴스
I_c	컬렉터 전류	C_i	입력용량
I_E	이미터 전류	g_o	출력 콘덕턴스
P_o, P_{out}	출력전력	C_o	출력용량
P_t, P_{tn}	입력전력	y_j	순전달 어드미턴스
P_c	컬렉터 손실	y_r	역전달 어드미턴스
h_{FE}	직류 전류증폭률(이미터 접지)	t_d	지연시간
$V_{CE(\text{at})}$	컬렉터·이미터 사이 포화전압	t_r	상승시간
$V_{BE(\text{sat})}$	베이스·이미터 사이 포화전압	t_{stg}	축적시간
V_{BE}	베이스·이미터 사이 전압	t_f	하강시간

(2) 전계효과 트랜지스터(FET)

V_{GDO}	게이트 · 드레인 사이 전압	g_m	상호 콘덕턴스
BV_{GDO}	게이트 · 드레인 사이 항복전압	I_{GSS}	게이트 누설전류
I_G	게이트 전류	C_G	게이트 용량
I_{GSS}	게이트 차단전류	C_{iss}	소스 접지 입력용량
I_{DSS}	드레인 전류	C_{rss}	소스 접지 궤환용량
V_P	핀치오프 전압		

(3) 포토트랜지스터

I_D	암전류 입사광이 없는 상태에서 컬렉터 접합에 역전압을 인가했을 때의 역전류
I_L	광전류 규정의 입사광 상태에서 컬렉터 접합에 역전압을 인가했을 때 흐르는 전류

7. 다이오드, 정류소자의 약어와 기호

(1) 일반 다이오드

V_{RM}	첨두 역전압	i_F	순시 순전류
V_{surge}	허용 서지전압	I_{FM}	첨두 순전류
V_R	직류 역전압	I_R	역전류
v_R	순시 역전압	i_R	역전류
V_F	순전압(직류값)	I_o	평균 정류전류 또는 출력전류
v_F	순시 순전압	C_j	접합용량
I_F	순전류(직류값)	C_r	단자 사이 용량
I_f	실효 순전류	η	정류능률

(2) 정전압 다이오드

I_Z	제너 전류 역전압 인가, 역전류가 급증한 상태에서의 역전류값
V_Z	제너 전압 역전압 인가, 역전류가 급증한 상태에서의 지정전류일 때의 역전압
V_d	동작저항 $r_d = \Delta V_z / \Delta I_z$ …… 제너 전압에 있어서의 값
r_z	제너 전압의 온도계수

찾아보기

예비이론과 측정

2013년 3월 10일 1판 1쇄 발행

저 자 양 호 언
발행인 남 승 우

발행처 도서출판 상尙 학學 당堂
서울시 동작구 사당로9가길 6(사당동)
TEL : 02) 595-1692~4
FAX : 02) 595-1394
E-mail : namdoo6@unitel.co.kr
신고 : 2-155호 (1968. 11. 29)

정가 16,000원

ISBN 978-89-6587-072-2 93560

〈디자인〉 편집 엄해숙 / 표지 나아기획